21世纪高等职业教育计算机技术规划教材

计算机基础项目式教程

（Windows 7+Office 2010）

（第2版）

◎ 隋志远　主编

◎ 梁晓阳　陈娅冰　吕怀莲　副主编

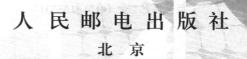

人民邮电出版社

北京

图书在版编目（CIP）数据

计算机基础项目式教程：Windows 7+Office 2010 / 隋志远主编. -- 2版. -- 北京：人民邮电出版社，2015.9（2021.1重印）
21世纪高等职业教育计算机技术规划教材
ISBN 978-7-115-39820-8

Ⅰ. ①计… Ⅱ. ①隋… Ⅲ. ①Windows操作系统—高等职业教育—教材②办公自动化—应用软件—高等职业教育—教材 Ⅳ. ①TP316.7②TP317.1

中国版本图书馆CIP数据核字(2015)第148178号

内 容 提 要

本书共分 7 个项目，内容包括计算机基础应用、Word 2010 的使用、Excel 2010 的使用、PowerPoint 2010 的使用、网络基础应用、Photoshop CS5 的基本操作、常见软件的使用。每个项目由 1～5 个任务组成，每个任务包含"任务描述""任务分析""相关知识""任务实施"等若干环节，真实模拟了具体的工作任务，适用于学校进行"教学做一体"的教学活动。

本书可以作为高等职业院校各专业的计算机基础教学用书，也可以作为各类、各层次学历教育和培训的选用教材。

◆ 主　编　隋志远
　　副 主 编　梁晓阳　陈娅冰　吕怀莲
　　责任编辑　桑　珊
　　责任印制　杨林杰

◆ 人民邮电出版社出版发行　　北京市丰台区成寿寺路 11 号
　　邮编　100164　电子邮件　315@ptpress.com.cn
　　网址　http://www.ptpress.com.cn
　　北京捷迅佳彩印刷有限公司印刷

◆ 开本：787×1092　1/16
　　印张：16.5　　　　　　　　2015 年 9 月第 2 版
　　字数：227 字　　　　　　　2021 年 1 月北京第 8 次印刷

定价：39.80 元
读者服务热线：(010)81055256　印装质量热线：(010)81055316
反盗版热线：(010)81055315

第2版前言

计算机技术是现代信息技术的核心，正在对社会的发展产生越来越大的影响。各个行业都要求其专业技术人员能够熟练使用计算机解决本专业领域的实际问题，计算机应用水平已经成为衡量专业人才的指标之一，因此计算机基础教育在教育中的地位越来越重要。本书以学生入学、在校学习、社会实践、参加工作这一主线为任务情景，内容前后衔接有序，案例取材源于实际，注重对学生实践能力的培养，凸显职业化特色。

本书具有如下特点。

（1）面向实际需求精选案例，注重应用能力的培养。

本着既注重培养学生的自主学习能力和创新意识，又注重为今后的学习打下良好基础的原则，围绕学习工作中的实际需要，设计了一系列真实、连贯，针对性、实用性强的应用项目。学生每完成一个项目的学习，就可以立即将其应用到实际工作生活中，并能够触类旁通地解决工作中所遇到的问题。

（2）以学习和工作任务为主线，构建完整的教学设计布局。

为了方便读者阅读，本书精选的项目、任务遵循由浅入深、循序渐进、可操作性强的原则，将知识点巧妙地融入各个任务中，以若干个工作任务为载体，形成一个连贯的工作流程，构建了一个完整的教学设计体系，并注重突出任务的实用性和完整性。本书在引导读者完成每个工作任务的制作后，还给出了相关的拓展练习。读者在完成任务的同时，将逐步掌握计算机信息技术的各项技能。

（3）资源共享，便于教师备课和学生自学。

本书配套资源包括各章相关素材、结果样例、课后练习的素材及结果、教学课件、电子教案、综合作业、各项目的要求、主要章节课后练习等，教师可以到人民邮电出版社教学服务与资源网（www.ptpedu.com.cn）下载使用。

本书由隋志远任主编，梁晓阳、陈娅冰、吕怀莲任副主编，其中项目1由隋志远编写，项目2由陈娅冰编写，项目3由梁晓阳编写，项目4由王宁编写，项目5由吕怀莲编写，项目6由徐子涵编写，项目7由夏鲁朋编写；邵笑梅主审了全书，并提出了很多宝贵的修改意见，我们在此表示诚挚的感谢。

由于编者水平有限，书中难免存在错误和不妥之处，敬请广大读者批评指正。

编　者
2015 年 5 月

目 录 CONTENTS

PART 1

项目 1
计算机基础应用

任务 1　了解计算机系统

学习目标

- 了解计算机系统的基本组成
- 了解计算机软件系统的组成
- 了解计算机硬件系统的组成，以及各部件功能、特点
- 了解操作系统的相关知识

1.1　任务描述

　　李明同学是个超级计算机发烧友，他经常帮助同学购买计算机。今天是周末，他要帮助同宿舍的王超同学组装一台计算机，用于上网、处理文档和玩游戏。

1.2　任务分析

　　组装一台计算机首先需要把相关硬件设备安装起来，在各部件运行正常后还要安装必备的软件。这样，才能构成一个完整的计算机系统，实现计算机的各种功能。因此我们首先需要了解各种硬件设备的基本知识，如功能、型号、设置，以及如何组装；其次要熟悉软件系统的相关知识，如软件系统的组成、操作系统的安装、常用软件知识和进行系统的设置等。

1.3　相关知识

1.3.1　计算机系统的组成

一个完整的计算机系统由硬件系统和软件系统两大部分组成，如图 1-1 所示。

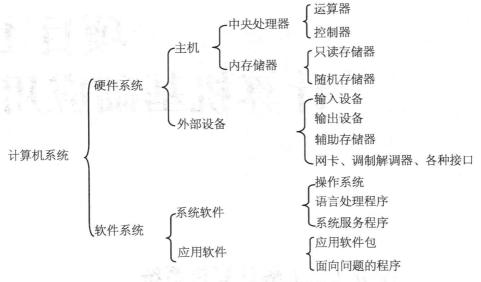

图 1-1 计算机系统的组成

硬件系统（Hardware）是指计算机的电子器件、各种线路，以及其他设备等，是看得见摸得着的物理设备，是计算机的物质基础。例如 CPU（中央处理器）、显示器、打印机、键盘、鼠标等均属于硬件；软件系统（Software）是指维持计算机正常工作所必需的各种程序和数据，是为了运行、管理和维修计算机所编制的各种程序，以及与程序有关的文档资料的集合。

硬件是一台计算机的基础，没有硬件对软件的物质支持，软件的功能无从谈起；软件则是计算机系统的灵魂，没有安装软件的计算机被称为"裸机"，不能供用户直接使用。硬件系统和软件系统组成完整的计算机系统，它们共同存在，共同发展，缺一不可。

1.3.2　计算机的工作原理

目前世界上绝大多数计算机都是根据冯·诺依曼提出的"程序存储"原理制造的。根据冯·诺依曼所提出的方案，电子计算机是由控制器和运算器（合称中央处理器）、存储器（内存、外存）和输入设备、输出设备五部分组成。图 1-2 表明了计算机五大部分及各部件之间的关系，其中实线表示数据传输路径，虚线表示控制信息的传输路径。

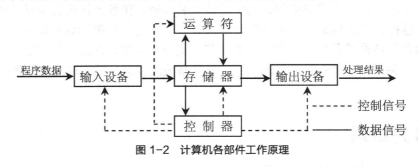

图 1-2　计算机各部件工作原理

知识链接

冯·诺依曼的程序存储工作原理

冯·诺依曼（见图 1-3），美籍匈牙利科学家，程序存储原理的提出者，并成功地将程序存储原理运用在计算机的设计之中。根据这一原理制造的计算机被称为冯·诺依曼结构计算机，世界上第一台冯·诺依曼式计算机是 1949 年研制的 EDSAC。由于他对现代计算机技术的突出贡献，因此冯·诺依曼被称为"计算机之父"。

图 1-3 冯·诺依曼

冯·诺依曼理论的要点是：数字计算机中的数制采用二进制；计算机应该按照程序顺序执行。程序存储工作原理决定了计算机硬件系统的 5 个基本组成部分。人们把冯·诺依曼的这个理论称为冯·诺依曼体系结构。从 1949 年研制的 EDSAC 一直到当前最先进的计算机都采用的是冯·诺依曼体系结构，所以冯·诺依曼是当之无愧的数字计算机之父。

1.4 任务实施

1.4.1 组装硬件

组装一台计算机一般需要准备主板、CPU、内存、显示器、显卡、硬盘、光驱、声卡、网卡、音箱、鼠标、键盘和机箱（含电源）等硬件设备。图 1-4 为台式机外观图。

图 1-4 台式机外观图

1. 搭建硬件系统的平台——主板

主板（Main board）是一块带有各种接口的大型印刷电路板，一般集成有 CPU 插槽、内存插槽、显卡插槽等各种插槽，以及硬盘接口、电源接口、鼠标键盘接口等各种接口，同时还包括控制信号传输线路（控制总线）、数据传输线路（数据总线），以及南桥、北桥和其他相关的控制芯片等。通过主板，计算机的 CPU、内存，以及其他各部件有机连接到一起，协调工作，完成数据的输入、运算、存储及输出。

主板中最重要的部件是芯片组。芯片组的功能是主板品质和技术特征的关键，它决定了主板能够和支持的其他硬件设备的型号。目前市场上常见的芯片组有 Intel（英特尔）、AMD

（超微）和 NVIDIA（英伟达））等公司产品。主板正面外观图见图 1-5，主板侧面常见接口见图 1-6。

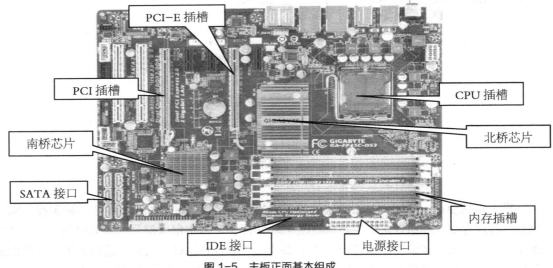

图 1-5　主板正面基本组成

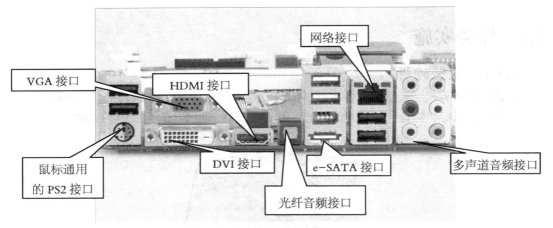

图 1-6　主板侧面常见接口

知识拓展

（1）HDMI 接口

高清晰度多媒体接口（High Definition Multimedia Interface，HDMI）是一种全数字化视频和声音发送接口，可以发送未压缩的音频及视频信号。HDMI 可用于机上盒、DVD 播放机、个人计算机、电视游乐器、综合扩大机、数字音响与电视机等设备。它支持各类电视与计算机视频格式，包括 SDTV、HDTV 视频画面，再加上多声道数字音频。最高数据传输速率为 2.25Gbit/s。

（2）硬件系统核心——CPU

中央处理器(Central Processing Unit CPU)在微型计算机中也称为微处理器，是整个硬件系统的核心，负责整个系统指令的执行、算数运算、逻辑运算、数据传输，以及输入/输出的控制。它是计算机中最重要的一个部分，由运算器和控制器组成。

在整个计算机硬件系统中，CPU 的发展速度是最快的，其集成电路芯片上所集成的晶体管数量，基本上每隔 18 个月就会翻一番。目前， CPU 的主要生产厂家有 Intel 公司、AMD 公司、IBM 公司等。市场上，用于个人计算机的主流产品主要有 Intel 公司的酷睿 i7、i5、i3 等系列，AMD 公司的 FX、A10、A8、翼龙 II、速龙等系列，如图 1-7 和图 1-8 所示。

近几年来，我国也开始了微处理器的研制，2002 年由中国科学院计算技术研究所自主开发的 CPU——龙芯（Loongson，又称 GODSON）正式发布，标志着我国也步入到微处理器研发的行列。目前龙芯系列微处理器已经广泛应用于桌面网络终端、低端服务器、网络防火墙、路由器、交换机等领域，初步形成了规模产业。

图 1-7　Intel 酷睿 i7 CPU

图 1-8　AMD 羿龙 II X6 CPU

知识拓展

摩尔定律

摩尔定律是指：IC（集成电路）上可容纳的晶体管数目，约每隔 18 个月便会增加 1 倍，性能也将提升 1 倍。摩尔定律是由 Intel (英特尔)创始人之一、名誉董事长戈登·摩尔（Gordon Moore）经过长期观察，于 1965 年正式提出，被称为计算机第一定律，戈登·摩尔见图 1-9。

图 1-9　戈登·摩尔

摩尔定律也许会在相当长的一段时间内见证微处理器的发展。但是，任何规则都有它的局限性和适用性的。许多专家表示摩尔定律中不断增长的晶体管数量最终将会随着晶体管技术在物理上的局限性使其达到极限，即当晶体管不能再降低其大小的时候，其单位集成数量也不能再增加，那就意味着摩尔定律将不再有作用。

2．建立数据存储的仓库——存储器

（1）内存

计算机中的内存一般指随机存储器（RAM），是计算机系统中临时存放数据和指令的半导体存储单元，内存的性能在很大程度上决定了整个系统的性能。RAM 可以随时读写，速度较快，但是必须在系统带电状态下才能存储数据。RAM 又包括静态 RAM（SRAM）和动态 RAM（DRAM）两大类。DRAM 由于成本较低，所以被大量地采用作为系统的主内存；SRAM 速度更快，稳定性更好，但是由于成本较高，主要用来做 CPU 的高速缓存（Cache）。

目前广泛使用的内存多为 DDR（Double Data Rate）内存，如图 1-10 所示，它是一种具有双倍数据传输速率的同步内存，比上一代 SDRAM 内存具有两倍的带宽。

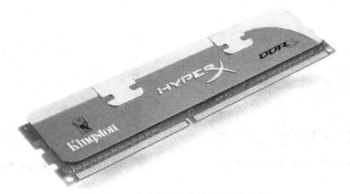

图 1-10　金士顿 DDRⅢ1600 内存条

（2）外存

由于内存相对来讲容量较小，无法长时间保存数据，所以用户的大量数据还必须保存在外部存储器。外存的特点是存储容量大，可靠性高，价格低，可以永久保存数据。外存一般包括硬盘（HDD）、软盘（Floppy）、光盘（CD、DVD）、闪存（U 盘）等介质。

知识链接

存储器容量

为衡量存储器容量的大小，我们一般使用 "Byte"（字节）为单位进行表示（通常简单表示为 "B"），在计算机中每一个 ASCII（西文）字符定义为占用一字节的存储空间（1 个汉字占用 2 字节），即 1B。为更方便地表示更大的容量，我们还经常使用其他的度量单位，如 KB、MB、GB、TB、PB 等，其换算关系如下：

1KB=1024B，1MB=1024KB，1GB=1024MB，1TB=1024GB，1PB=1024TB

3．连接信息输入的纽带——输入设备

输入设备是计算机与外界进行信息交流的主要工具，它主要负责将原始信息转化为计算机能够识别的二进制代码。输入设备种类较多，常见的包括键盘、鼠标、扫描仪、手写板、数码相机、数码摄像机等，其中键盘和鼠标是最常用的输入设备。

（1）键盘

键盘是计算机中主要的输入设备之一，用户可以通过键盘输入各种指令，实现对计算机的控制或者通过键盘输入各种数据，如图 1-11 所示。

图 1-11 键盘

（2）鼠标

随着 Windows 等图形界面操作系统的出现，鼠标成为越来越重要的输入工具。常见的鼠标一般通过左键、右键和滚轮 3 个部分来完成操作，包括机械式、光电式、激光式、轨迹球等种类，如图 1-12 所示。

图 1-12 轨迹球鼠标

4．联通信息输出的桥梁——输出设备

输出设备是将计算机内部的信息以人们易于接受的形式传送出来的设备，常见的包括显示器、打印机、绘图仪等。

（1）显示器和显卡

显示器是计算机最基本的输出设备，包含 CRT（阴极射线管）显示器、LCD（液晶显示器）及 PDP（等离子显示器）等种类。目前常用的显示器以 LCD 为主。LCD 和传统的 CRT 显示器相比较具有辐射低、体积小、功耗低等优点，已经淘汰了 CRT 显示器，占据了市场的主流，如图 1-13 所示。

图 1-13　28 寸宽屏液晶显示器

衡量显示器显示质量的指标较多，其中主要的是屏幕分辨率和颜色质量。分辨率指的是屏幕每行和每列的像素数，像素是显示器显示图像的最小单位，平常我们在显示器看到的图像就是由许许多多的像素组合成的。分辨率通常以乘法的形式来体现，如 1024 像素 × 768 像素，其中"1024"表示屏幕每行的像素数，"768"表示屏幕每列的像素数，在显示器屏幕面积不变的前提下，能够达到的分辨率越高，显示的图像越精细；颜色质量是指在某一分辨率下，每一个像素可以表示多少种色彩，它的单位是 bit（位），能够表示的色彩的种类越多，显示的图形的色彩质量就越高。如 8 位色是指将所有颜色分为 2^8（256）种，即每一个像素可以表示 256 种颜色中的任意一种，8 位色由于表示的色彩数量较少，所以显示的画面比较粗糙。而 16 位色（$2^{16}=65536$）由于表示的色彩种类较多，因而能够表现比较真实的色彩，通常称之为"增强色"，现在的显示器支持 24 位色（真彩）和 32 位色。

显示适配器简称显示卡或显卡，其基本作用就是控制计算机的图形输出，由显卡连接显示器，我们才能够在屏幕上看到图像，显卡一般由显示芯片、显示内存等组成，目前常见的显卡一般通过 AGP 或 PCI Express（PCI-E）接口与主板连接，通过 VGA、DVI 或 HDMI 等接口与显示器连接，如图 1-14 所示。

（2）打印机

打印机作为办公领域中常用的输出设备，包括点阵打印机、喷墨打印机和激光打印机等种类。点阵打印机又称针式打印机，打印成本较低，但噪音大，速度慢，精度低，目前主要在银行、学校等需要打印复写纸或蜡纸的领域使用；喷墨打印机打印速度较快，打印质量较高，价格较低，而且绝大多数可以打印彩色，目前市场占有率较高，但存在耗材费用高等缺点；激光打印机是 3 种打印机中速度最快、打印质量最好的一种打印机，并且耗材费用相对较低，近几年来已经成为一种比较普及的打印机。如图 1-15 为带有网络接口的彩色激光打印机。

图 1-14　支持 HDMI 输出的显卡

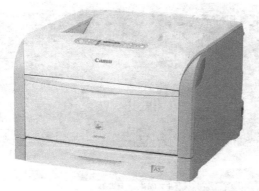

图 1-15　带有网络接口的彩色激光打印机

1.4.2　安装软件

安装操作系统

　　操作系统（Operating System, OS）是一组对计算机资源进行控制与管理的系统化程序的集合，是用户与计算机之间的接口，为用户和应用软件提供了访问和控制计算机硬件的桥梁。操作系统是直接运行在裸机上的最基本的系统软件，其他任何软件都必须在操作系统的支持下才能运行。

知识链接

操作系统的发展

　　早期出现在微型计算机上的操作系统是 DOS（Disk Operating System ），它是一种字符型用户界面、采用命令行方式进行操作的操作系统，普通用户使用起来很不方便；1995 年 8 月，Microsoft（微软）公司推出图形化操作界面的操作系统——Windows 95，大大简化了操作，深受广大用户的欢迎；后来微软公司又相继推出 Windows 98、Windows 2000、Windows XP、Windows Vista、Windows 7、Windows 8，以及 Windows 10 等操作系统，牢牢占据了全世界计算机操作系统 80%以上的份额，而其他公司开发的操作系统，如 IBM 公司的 OS/2、Apple（苹果）公司的 Mac OS 等，由于各种原因市场占有率较低。

　　随着网络的发展，许多公司纷纷开发多用户的网络操作系统，比较具有代表性的是微软公司的 Windows 2003、Windows 2008，Novell 公司的 Netware，以及 UNIX、Linux 等，特别是 Linux 属于自由软件，免费开放源代码，近几年来在许多国家发展迅速，目前拥有巨大的用户群体和广泛的应用领域。

　　Windows 7 操作系统继承了部分 Vista 特性，在加强系统的安全性、稳定性的同时，重新对性能组件进行了完善和优化，部分功能、操作方式也回归质朴，在满足用户娱乐、工作、网络等不同需求方面达到了一个新的高度。特别是在科技创新方面，实现了上千处新功能和改变，Windows 7 操作系统成为了微软公司产品中的巅峰之作。Windows 7 的安装比较简单，将 Windows 7 安装光盘放到光驱内，设置计算机从光驱启动，然后安装系统提示一步步进行操作，如图 1-16 所示，经过一段时间的等待及几次重启后，我们终于看到了期待已久的画面——Windows 7 启动后的桌面，如图 1-17 所示。

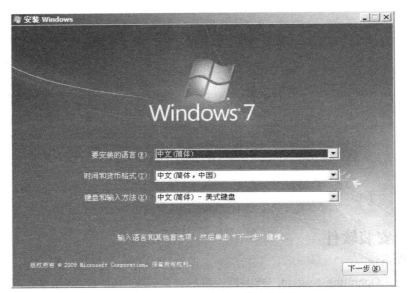

图 1-16 Windows 7 操作系统的安装界面

图 1-17 Windows 7 的桌面

　　Windows 7 安装成功以后，需要对系统进行一些基本的设置，最后根据需要安装一些常用的软件，比如 Office 软件、杀毒软件、音频视频播放软件、解压缩软件、下载软件等。这样，一个完整的计算机系统就搭建好了，我们就可以用它来学习、工作或是娱乐了。

任务 2　初识 Windows 7

学习目标

- 了解 Windows 7 中的基本要素
- 熟悉 Windows 7 中的基本操作
- 掌握汉字的输入和基本的编辑方法
- 了解打印机的基本使用方法

2.1　任务描述

王超同学担任了学生会宣传部部长，今天他接到了一个任务——打印 50 份紧急通知。可是他借来的笔记本计算机只安装了 Windows 7 操作系统，经过求助高手才知道，Windows 7 中自带的记事本和写字板都能满足他的要求。

2.2　任务分析

Windows 7 不仅仅是一个操作系统，它自带了许多常用的工具软件，如画图、计算器、音频视频播放等，当然也包括简单的文字处理，比如 "记事本" 和 "写字板"。在文字的编辑方面，"写字板" 比 "记事本" 功能更多，更接近于专业的文字处理软件，像这种简单的通知，我们完全可以使用 "写字板" 进行编辑处理。

2.3　相关知识

2.3.1　Windows 7 中的基本要素

Windows 7 是一个多任务的、图形用户界面操作系统，下面让我们一起来认识一下它的一些基本要素。

1．桌面

启动 Windows 7 后，出现的桌面如图 1-18 所示，主要包括桌面图标、桌面背景和任务栏。

桌面图标主要包括系统图标和快捷图标，和 Windows XP 图标组成是一样的，操作方式也是一样的；桌面背景可以根据用户的喜好进行设置；任务栏有很多的变化，主要由 "开始" 按钮、快速启动区、语言栏、系统提示区与 "显示桌面" 按钮组成。用户对操作系统的所有操作都是由桌面开始的。

图 1-18　Windows 7 的桌面

2．窗口

在 Windows 7 中，双击桌面上的"计算机"图标，即可打开"计算机"窗口，如图 1-19 所示。它的功能类似于 Windows XP 的"我的电脑"窗口，但是比"我的电脑"功能要强大，不但有基本的磁盘，而且在左侧窗口还可以进行"库"管理、查看局域"网络"。

① 由窗口可以看到其功能名称发生了改变，而且增加了更多的功能，单击"组织"按钮，可展开下拉菜单，可选择相应的操作，如图 1-20 所示。

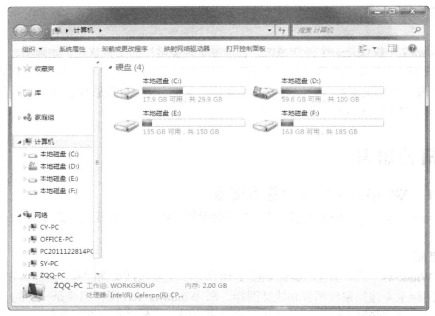

图 1-19 "计算机"窗口

图 1-20 "组织"菜单

② 打开需要存放文件夹的磁盘，并选中需要查看的文件，再单击"显示预览窗格"按钮□，可以在"计算机"窗口预览文件内容，如图 1-21 所示。

图 1-21　预览文档

③ 在"计算机"窗口上方，单击"打开控制面板"按钮，可以直接打开控制面板。

④ 打开需要创建文件夹的磁盘或文件夹，单击"新建文件夹"按钮，可以直接新建一个文件夹。

总之，"计算机"窗口有许多新功能，用户可以快速地进行所需的操作。

3．菜单

在 Windows 中，系统将各种操作命令汇集在一起以列表的方式提供给用户，这张命令列表就是菜单。在 Windows 的基本操作中，菜单的使用无处不在，除了打开的窗口包含菜单外，在不同的操作对象上单击鼠标右键，也会打开相应的菜单。在菜单中往往使用不同的标记，如图 1-22 所示，为更好地进行操作，用户需要了解这些标记的含义。

图 1-22　"计算机"窗口中"查看"菜单

（1）命令项的两种颜色

黑色字符显示表示正常选项，当前可以执行该命令；灰色字符显示当前不能执行的命令。

（2）"……"

运行后面带有"……"的命令项就会弹出一个对话框，要求用户做进一步操作。

（3）组合键

某些命令项后标注有组合键，如"复制"（Ctrl+C），组合键实质上是要执行某一选项（或命令）时可以使用键盘的操作方式。

（4）分组线

若干命令项之间用线分开，形成若干菜单项组。这种分组是按菜单命令的功能组合的。

（5）"√"

选择项前带有此标记表示有两种状态，用户可以在两种状态之间进行切换。有"√"表示有此项功能，否则无此项功能。这种选择项的特点是在同组中选项相互独立，用户可选中一个也可以选中多个，称为"多选项（复选项）"。

（6）"●"

选择项前带有此标记表示在同类选项中只能选一个，而且该项已被选，若此时选择其他项，则该项自动失效，此类选项称为"单选项"。

（7）"▶"

带有此标记的命令项表示下面还有下一级子菜单。

4．对话框

对话框是 Windows 中用户与计算机系统之间进行信息交流的窗口，用户可以通过对选项的选择，来修改或者设置系统的相关属性。

如图 1-23 所示，对话框的组成和窗口有相似之处，例如都有标题栏、边框等，但对话框要比窗口更简洁，更直观，更侧重于与用户的交流。它一般包含有标题栏、选项卡与文本框、列表框、命令按钮、单选按钮和复选框等几部分。此外，对话框没有最大化、最小化按钮，不能像窗口一样最大化、最小化和随意改变大小。

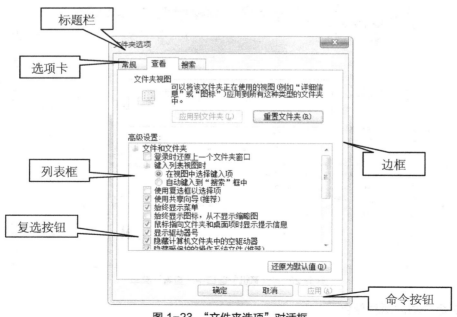

图 1-23 "文件夹选项"对话框

2.3.2 键盘、鼠标的使用与设置

键盘是计算机的基本输入设备，掌握它的使用方法是使用计算机的前提条件。初学者要熟练地使用键盘进行各种操作，应该掌握键盘上各键的名称、作用及使用方法。

1．常用键的功能与操作

如图 1-24 所示，键盘一般包括 4 个区域：打字键区（主键盘区）、功能键区、光标控制键区和数字键区（数字小键盘区或副键盘区）。要熟练地使用键盘进行操作，应该掌握正确的击键姿势和键入指法，建议学习者使用相关的练习软件（如金山打字通）进行学习。

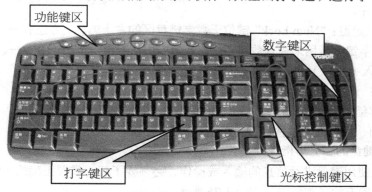

图 1-24　键区分布图

① 光标移动键：

文字编辑过程中，我们经常要和光标（也叫插入点）打交道。输入字符、删除字符，都要将光标移到要插入字符或删除字符的地方。下面介绍光标移动键。

按"↑"键：光标向上移。

按"↓"键：光标向下移。

按"→"键：光标向右移。

按"←"键：光标向左移。

按"Home"：将光标移到行首。

按"End"：将光标移到行尾。

按"PageUp"：每按一次，光标向上移一屏幕。

按"PageDown"：每按一次，光标向下移一屏幕。

② 退格键（BackSpace）：

删除光标前面的字符。

③ 删除键（Delete）：

删除光标后面的字符。

④ 空格键（Space）：

进行空格输入。

⑤ 回车键（Enter）：

● 在输入文本的过程中，敲此键，可将光标后面的字符下移一行，即新起一个段落。

● 在其他操作中，按该键表示输入命令结束，让计算机执行该操作。

⑥ 大写字母锁定键：

"Caps Lock"键用于大写字母和小写字母的切换，按一下该键，数字键盘区的上方有一

对应的指示灯，灯亮，为大写输入状态。再按一下，灯熄，输入小写字母。

⑦ 换档键 "Shift" 键的作用：

● 按住 "Shift" 键，再加按其他键，将输入该键上面的符号。如要输入 "%"、"￥"、"："、"（）" 等。

● 用于大小写输入的临时切换：若当前为大写状态（Caps Lock 灯亮），按住该键敲入字母键，将输入小写字母；若当前为小写状态，按住该键输入大写字母。

⑧ Esc 键：用于中断、取消操作，可以用来关闭打开的菜单或对话框，也可以用于退出某个打开的程序。

⑨ 数字锁定键："Num Lock" 键位于数字键盘区的左上方，上方还有一个对应的指示灯，灯亮，状态数字键盘区用来输入数字，灯熄，则启用功能键，即启用→、←、↑、↓、Del(删除)、Ins（插入／改写）、Home 等功能。

⑩Tab 键：该功能键主要有两大作用，如下所述。

● 在文字编辑软件中，按一下该键，可以将光标移到下一制表位。

● 在窗口、对话框中，按该键，可将光标在各选项间循环切换。

2．操作键盘的姿势与指法

要熟练地使用键盘进行信息的输入或操作，必须要了解、掌握正确的击键姿势和键入指法，按照规范的方法多加练习，如图 1-25 所示。

（1）正确的姿势

初学键盘输入时，首先必须注意的是击键的姿势；如果姿势不当，就不能做到准确快速地输入，也容易疲劳。

● 身体应保持笔直，稍偏于键盘右方。

● 应将全身重量置于椅子上，两脚平放，座椅要调整到便于手指操作的高度。

● 两肘轻轻贴于腋边，手指轻放于规定的字键上，手腕平直；人与键盘的距离调节到能保持正确的击键姿势为止。

● 显示器宜放在键盘的正后方，如果是按照稿件进行输入，应先将键盘右移 5cm 左右，再将原稿紧靠键盘左侧放置，以便阅读。

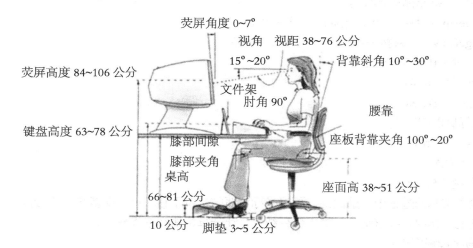

图 1-25 正确的打字姿势和身体的角度

（2）正确的指法

根据键盘上常用按键的分布，把左右手的不同手指进行了明确分工，如图 1-26 所示，键盘上共有 8 个基准键位，位于键盘的第二行。在基准键位的基础上，对于其他字母、数字、符号键都采用与 8 个基准键的相对位置来记忆，例如，用原击 D 键的左手中指击 E 键，用原击 K 键的右手中指击 I 键。在击键的过程中应注意以下事项。

● 手腕要平直，手臂要保持静止，全部动作仅限于手指部分，上身其他部位不得接触工作台或键盘。

● 手指要保持弯曲，稍微拱起，指尖后的第一关节微成弧形，分别轻轻地放在字键中央。

● 输入时，手抬起，只有要击键的手指才可伸出击键，击完立即缩回，不可用摩触手法，也不可停留在已击过的键上。

● 输入过程中，尽量用相同的节拍轻轻地击字键，不可用力过猛。

● 空格的击法：右手从基准键上迅速垂直上抬 1～2cm，大拇指横着向下一击，并立即回归。每击一次输入一个空格。

● 换行键的击法：需要换行时，用右手小指击一次 Enter 键，击后右手立即退回到原基准键位，在手回归过程中小指应弯曲，以免把";"号带入。

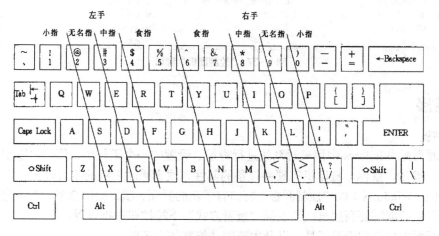

图 1-26　键盘指法分区图

3．鼠标的使用

随着图形界面操作系统的普及，鼠标成为越来越重要的输入工具。当操作者手持鼠标移动时，计算机屏幕上的鼠标指针就随之移动。在通常情况下，鼠标的形状是一个小箭头，会根据当前操作的变化发生相应的改变。最基本的鼠标操作方式有以下几种。

① 指向：把鼠标指针移动到某一对象上。

② 左键单击：鼠标左按钮按下、松开。

③ 右键单击：鼠标右按钮按下、松开。

④ 双击：快速按下、松开、按下、松开鼠标按钮（连续两次单击），双击一般是指左键。

⑤ 拖动：在选定的一个或几个对象上按住左键或右键，移动鼠标到另一个地方释放按钮。

4．键盘、鼠标的基本设置

为更好地使用鼠标和键盘，用户可以在"控制面板"中对其相关属性进行更改和设置。选择"开始"菜单中的"设置"→"控制面板"命令，在图 1-27 所示的"控制面板"窗口中打开"键盘"或"鼠标"选项，在弹出的对话框中就可以分别就键盘和鼠标的相关属性进行设置，如设置键盘的字符重复延迟时间、字符重复率、光标闪烁频率，以及鼠标的双击速度、指针移动速度等。

图 1-27 "控制面板"窗口

知识链接

控制面板

控制面板是 Windows 中用来对系统进行查看、设置的一个工具集，用户可以根据需要更改显示器、键盘、鼠标、打印机等硬件设备的属性，或者更改系统的相关设置，以便更有效地使用它们。Windows 7 的"控制面板"窗口有了新的界面，项目更加众多，而且查看更加清晰，用户可以根据需要利用窗口的左侧"查看方式"下拉按钮进行设置。

控制面板中包含的设置工具，以及主要的功能有如下各项。

- 程序与功能：允许用户从系统中添加或删除程序。
- 管理工具：包含为系统管理员提供的多种工具，包括安全、性能和服务配置等。
- 日期和时间：允许用户更改存储于计算机 BIOS 中的日期和时间，更改时区，并通过 Internet 时间服务器同步日期和时间。
- 显示：加载允许用户改变计算机显示设置，如桌面壁纸，屏幕保护程序、显示分辨率等的显示属性窗口。
- 文件夹选项：这个项目允许用户配置文件夹和文件在 Windows 资源管理器中的显示方式。
- 字体：显示所有安装到计算机中的字体。用户可以删除字体，安装新字体，或者使用字体特征搜索字体。
- Internet 选项：允许用户更改 Internet 安全设置、Internet 隐私设置、HTML 显示选项和其他诸如主页、插件等网络浏览器选项。
- 键盘：让用户更改并测试键盘设置，包括光标闪烁速率和按键重复速率。

- 鼠标：更改鼠标设置，如左右键功能的切换，设置鼠标的双击速度、指针移动速度等。
- 网络和共享中心：显示并允许用户修改或添加网络连接，诸如本地网络（LAN）和因特网（Internet）连接。它也在一旦计算机需要重新连接网络时提供了疑难解答功能。
- 电话和调制解调器选项：管理电话和调制解调器连接。
- 电源选项：包括管理能源消耗的选项，设定当按下计算机的开/关按钮时的计算机的动作，设置休眠模式。
- 设备和打印机：用于添加新硬件设备；显示所有安装到计算机上的打印机和传真设备，并允许它们被配置或移除，或添加新打印机。
- 安全中心：设置 Windows 防火墙、自动更新、病毒防护等。
- 声音：更改声卡设置和系统声音，以及在特定事件发生时播放的特效声音。
- 系统：查看并更改基本的系统设置。
- 任务栏和"开始"菜单：更改任务栏的行为和外观。
- 用户账户：允许用户控制并使用系统中的用户账户。如果用户拥有必要的权限，还可提供给另一个用户（管理员）权限或撤回权限，添加、移除或配置用户账户等。
- 备份和还原：新增"创建系统映像"功能，可以将整个系统分区备份为一个系统映像文件，以便日后恢复。如果系统中有两个或者两个以上系统分区（双系统或多系统），系统会默认将所有的系统分区都备份。

2.3.3 汉字输入

Windows 7 中文版中的输入法可以在"控制面板"中先打开"区域和语言"工具，再打开"文字服务和输入语言"对话框（见图 1-28）进行添加或删除。当然用户也可以使用安装程序添加其他的输入法，如搜狗拼音输入法、紫光拼音输入法、五笔字型输入法等。

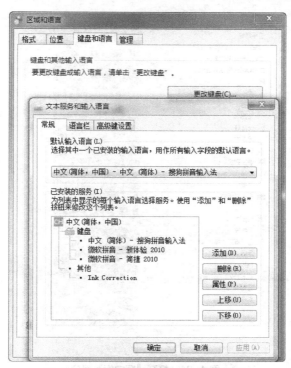

图 1-28 "文字服务和输入语言"对话框

要打开汉字输入法，可以直接使用鼠标单击桌面右下角的输入法指示器，打开图 1-29 所示输入法选择菜单，直接选择需要使用的输入法即可；也可以使用组合键 Ctrl+Shift 在各种输入法中进行切换。

打开某种输入法后，一般会在桌面某个位置显示其状态栏，状态栏一般由几个功能按钮组成，如图 1-30 所示的搜狗输入法，其状态栏从左至右依次包括"中英文切换按钮""全半角切换按钮""中英文标点切换按钮"和"开启/关闭软件盘按钮"。其他输入法的状态栏按钮功能也大同小异，用户可以在具体使用中体会。

图 1-29 输入法选择菜单

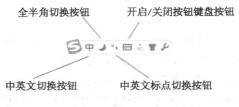

全半角切换按钮　　　开启/关闭按钮键盘按钮

中英文切换按钮　　　中英文标点切换按钮

图 1-30 "搜狗"输入法状态栏

2.4 任务实施

1．打开"写字板"程序

"写字板"程序是一个 Windows 操作系统自带的使用简单而功能强大的文字处理程序，用户可以利用它进行日常工作中文件的编辑。它不仅可以进行中英文文档的编辑，而且可以在文档中插入图片、声音、视频剪辑等多媒体资料。

如图 1-31 所示，在"开始"→"所有程序"→"附件"中打开"写字板"程序。

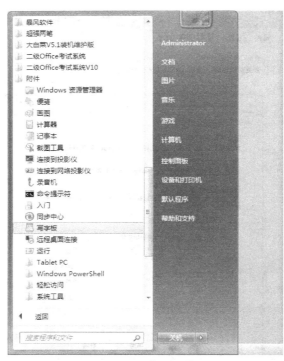

图 1-31 打开"写字板"程序

2．输入文本

"写字板"程序打开后会自动创建一个空文档，如图 1-32 所示，用户可以在文本编辑区内直接输入相关内容，如图 1-33 所示。

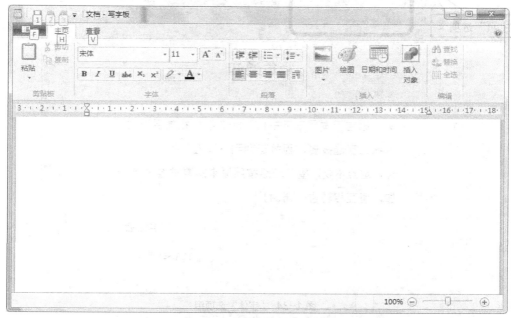

图 1-32 "写字板"程序界面

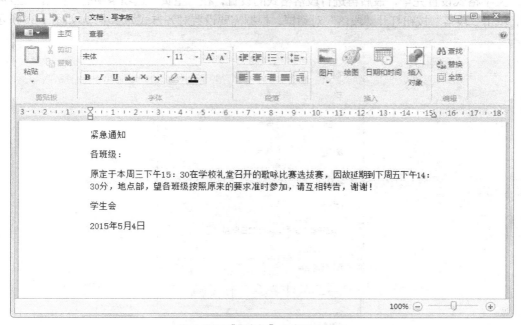

图 1-33 "写字板"内容录入界面

3．编辑排版

"通知"内容输入完毕，需要进行简单的排版编辑，主要是进行文字的字体、字型、字号，以及段落的缩进和对齐方式的设置。如首先选定标题"紧急通知"，然后在"主页"选项卡中的"字体"选项组中，设定黑体、20磅，如图1-34所示。

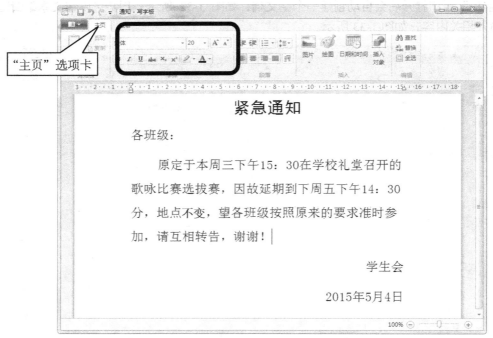

图 1-34 "字体"选项组

文字格式设置完毕，最后再进行段落格式的设置，在"主页"选项卡中的"段落"选项组中，单击"段落"按钮打开"段落"对话框，根据需要设置对齐方式为"中"，如图1-35所示。

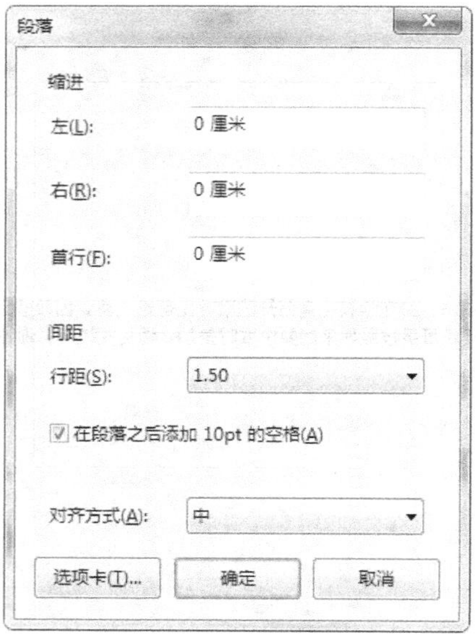

图 1-35 "段落"对话框

4．保存

文本编辑完毕，要进行保存，在"快速访问工具栏"中单击"保存"按钮，如图1-36所示，在弹出的"保存为"对话框中设置好文件名称、保存类型和保存位置后，单击"确定"

按钮将文件保存，如图 1-37 所示。

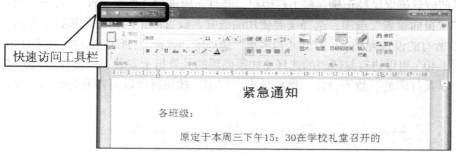

图 1-36　快速访问工具栏

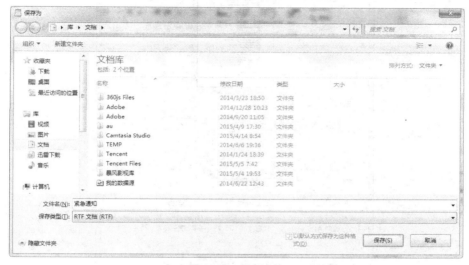

图 1-37　保存文件

以后如果需要继续编辑，可以使用"写字板"选项卡中的"打开"选项，选择上次存盘的文件，打开后继续编辑，如图 1-38 所示。

图 1-38　打开文件

5．打印

打印文件以前应该确保已经正确连接了打印机，同时还应进行"页面设置"，打开"写字板"选项卡中的"页面设置"选项，选择需要使用的纸张，设置纸张的页边距和打印方向，如图1-39所示。所有的设置完毕后，打开"写字板"选项卡，选择"打印"选项，在"打印"对话框中（见图1-40）可以进行打印机的选择（如果使用的计算机上安装了多台打印机）、打印的页面范围，以及打印的页数等设定，然后单击"打印"按钮就可以将需要的所有通知打印出来了。

图 1-39 "页面设置"对话框

图 1-40 打印文档

知识链接

功能区与选项卡

像 Windows 7 中"写字板"程序一样，Microsoft 公司的新软件中，传统的菜单和工具栏已被功能区所代替。功能区是一种全新的设计，它以选项卡的方式对命令进行分组和显示。功能区上的选项卡中的命令组合方式更加直观，大大提升了应用程序的可操作性，如图 1-41 所示。

图 1-41 "写字板"程序的功能区

任务 3　科学、规范管理文件

学习目标

● 掌握文件和文件夹的基本知识　　　● 熟悉关于文件和文件夹的基本操作

3.1　任务描述

王超同学的计算机使用了一段时间，突然某天系统无法正常启动，经高手李明"诊断"是因为感染了破坏性较强的病毒，需要重新安装 Windows 7 操作系统。可是王超的许多重要资料都放在 C 盘（系统盘）里，而且好多文件名称混乱，李明费了好大劲才帮助他恢复了一些。这次重装系统后，李明建议王超好好学习一下文件管理，把恢复的文件重新分类、整理，存放到非系统盘的某个文件夹中，这样将来即使系统再出现了问题，也不会影响到这些数据的安全。

3.2　任务分析

随着用户数据越来越多，采用科学、规范的管理方法会增加数据的安全性，减少不必要的麻烦。用户的个人资料，比如文档、照片、歌曲等一般放到非系统盘（Windows 操作系统一般默认安装在 C 盘，非系统盘即除 C 盘以外的其他磁盘）里，同时应该分门别类建立相应的文件夹进行归类管理，文件和文件夹的命名应该简单、明了，特别重要的数据还应该注意备份，如复制到 U 盘或刻录到光盘。

3.3 相关知识

3.3.1 认识文件和文件夹

1．文件和文件夹的概念

文件（File），是指存储在外部存储器中赋予名称的一组相关信息的集合。文件中存放的可以是一段程序、一篇文章、一首歌曲、一幅图片等，每个文件都有一个名字，称为文件名，文件名由主文件名和扩展名组成，主文件名用来区分不同的文件，扩展名用来关联文件的类型。Windows 中规定了文件名最多可以使用 255 个字符（英文），文件名可以使用英文字符（大小写等效）、汉字（每个汉字相当于 2 个英文字符）、数字和一些特殊符号（@、#、$、~、^等），而且还可以使用空格，但是不允许使用/、\、*、?、<、>、|、:和"等符号。

文件夹是磁盘中存放文件的特殊位置，是为了对文件进行有序管理而引入的一个概念，文件夹没有类型的区别，所以一般没有扩展名。用户可以在磁盘中依次建立各级文件夹，从而形成层次化的文件夹组织结构，如图 1-42 所示。

图 1-42　层次化的文件夹结构

2．扩展名与文件类型

计算机中的文件一般都有文件名和扩展名，文件名和扩展名之间使用"."隔开，对于具有多个"."的文件，一般指定其最右边的"."后面的字符为其扩展名。扩展名主要用来区分文件的类型，所以又称类型名，在操作系统中不但根据文件的扩展名指定其类型，还把这种类型的文件与相应的应用程序关联起来。例如，扩展名为"txt"的文件类型为"文本文件"，和"记事本"程序关联，当双击扩展名为"txt"的文件时，系统会自动打开"记事本"程序作为默认的编辑器。

Windows 中常见的文件类型如下所述。

● 可执行程序文件。

可执行程序文件是计算机可以识别的二进制编码，其文件扩展名为 COM 或 EXE，双击这些文件的图标即可启动这些程序。

● 文本文件。

文本文件是由各种字符组成的文件，常见的文件扩展名为 TXT（纯文本文件）、DOCX（Word 文档）、RTF（写字板文档）。

● 图像文件。

图像文件中主要存储图片信息，常见的文件扩展名为：BMP(位图文件)、JPG、GIF。

● 声音文件。

常见的文件扩展名为 WAV（波形声音文件）、MDI（MIDI 格式的声音文件）、MP3、WMA。

● 其他文件类型。

除以上常用的文件类型外，还有诸如扩展名为 DBF 和 MDB 的数据库文件，扩展名为 TTF 和 FON 的字体文件，扩展名为 OVL、SYS、DRV 和 DLL 的各种系统文件，扩展名为 ZIP 和 RAR 的压缩文件，扩展名为 HLP 的帮助信息文件等。

3.3.2 文件和文件夹的操作

由于在计算机中，不论是程序还是数据，最终都是以文件的形式出现的，所以我们平常对计算机的操作，很多时候是对文件及文件夹的操作，在 Windows 中关于文件和文件夹常见的操作主要包括下面各项。

1．选定文件或文件夹

选定对象是进行其他操作的基本前提，针对选定对象的数量、位置的不同，采用的方法也不相同。

（1）单个文件或文件夹

单击该文件或文件夹，该文件或文件夹变为高亮显示，表示被选定。

（2）多个连续的文件或文件夹

首先通过单击选定第一个文件或文件夹，然后按住 Shift 键不放选定最后一个文件或文件夹，则第一个和最后一个，以及它们之间的所有文件或文件夹都会被选定；也可以在要选择的文件或文件夹的外围按住鼠标左键进行拖曳，则文件周围将出现一个虚线框，虚线框覆盖的文件将被全部选中。

（3）多个不连续的文件或文件夹

首先单击选定第一个文件或文件夹，再按住 Ctrl 键，依次单击其余要选择的文件或文件夹，如图 1-43 所示。

图 1-43　使用 Ctrl 键选定不相邻的多个文件夹

（4）所有文件或文件夹

直接使用快捷键Ctrl+A，或者打开"编辑"菜单，选择"全部选定"命令。

2．复制文件或文件夹

① 要复制的文件或文件夹。

② 单击"组织"按钮，在弹出的下拉菜单中选择"复制"命令，如图1-44所示。

图1-44 "复制"操作

③ 打开目标文件夹（复制后文件所在的文件夹），单击"组织"按钮，弹出下拉菜单，选择"粘贴"命令，如图1-45所示，即可粘贴成功。

图1-45 "粘贴"操作

3．移动文件或文件夹

文件或文件夹的移动是将文件或文件夹从一个位置移动到另一个位置，虽然和复制操作结果不同，但操作步骤基本相同，要完成文件或文件夹的移动，只需在选定后使用"剪切"命令，后面的操作就与复制操作完全相同了。

① 选定要移动的文件或文件夹。

② 单击"组织"按钮，在下拉菜单中选择"剪切"命令，如图 1-46 所示，或者用右键单击需要复制的文件或文件夹，在弹出的快捷菜单中选择"剪切"命令，也可按下 Ctrl+X 组合键进行剪切。

③ 打开目标文件夹（即移动后文件所在的文件夹），单击"组织"按钮，在下拉菜单中选择"粘贴"命令，或者用右键单击需要复制的文件或文件夹，在弹出的快捷菜单中选择"粘贴"命令，也可以按下 Ctrl+V 组合键进行粘贴。

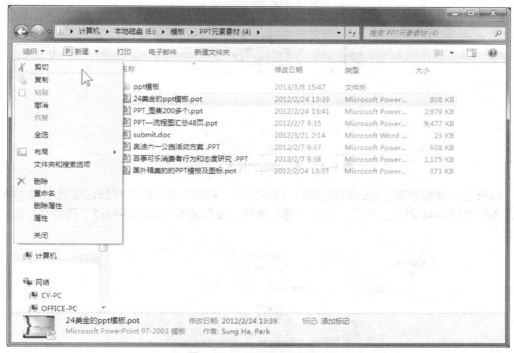

图 1-46　进行"剪切"操作

知识拓展

使用鼠标拖动快速实现复制和移动

复制和移动操作除了采用上述的命令方式外，还可以采用鼠标拖动的方法，使用鼠标拖动可以快速地实现复制和移动，能够提高操作效率。鼠标拖动一般在资源管理器中进行，具体方法如下所述。

首先选定对象，如果在同一驱动器之间直接进行拖动，则完成的是文件或文件夹的移动（可执行程序除外，拖动它们完成的则是创建快捷方式操作），如果在拖动的同时按住 Ctrl 键，则完成的是复制操作；如果在不同的驱动器之间直接进行拖动，完成的是文件或文件夹的复制，如果在拖动的过程中按住 Shift 键，则会完成移动操作。

4．删除文件或文件夹

为节省磁盘空间，对于磁盘中的重复或无用的文件，可以将它们删除。

① 选定要删除的文件或文件夹。

② 选择"组织"按钮下拉菜单中的"删除"命令，或用右键单击需要删除的文件或文件

夹，在弹出的快捷菜单中选择"删除"命令。

③ 打开"删除文件"对话框，如图 1-47 所示，单击"是"按钮，即可将文件或文件夹放入"回收站"。

为安全起见，Windows 中设立了一个特殊的文件夹——"回收站"。一般情况下，用户删除的文件或文件夹都先移动到"回收站"中，一旦发现属于误删除，可以打开"回收站"进行还原。当然，如果要删除的文件已经确认不再需要，可以直接删除而不送进"回收站"。

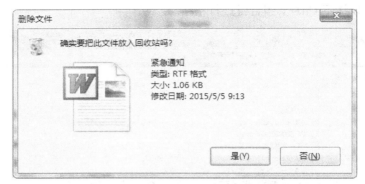

图 1-47　将删除的文件放入"回收站"

如果想直接删除而不放进回收站时，则在使用"删除"命令的同时按住键盘上的"Shift"键，会出现图 1-48 所示的提示，单击"是"按钮，文件或文件夹就不经过"回收站"而直接删除。

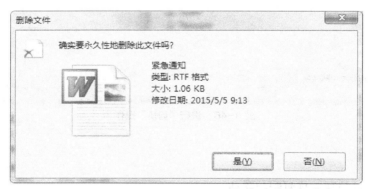

图 1-48　直接删除

知识链接

回收站

"回收站"是 Windows 系统在硬盘上开辟的空间，存放从硬盘上删除的文件，它的容量可以由用户自己进行设置（如图 1-49 所示，在"回收站"图标上单击右键，在弹出的菜单中选择"属性"命令，就可以设置"回收站"的容量，以及文件的删除方式等）。

如果我们要删除的是 U 盘以及移动硬盘等可移动磁盘上的文件，在使用"删除"命令时，即使没有使用"Shift"键，系统也会不经过回收站而进行直接删除。

图 1-49 "回收站属性"对话框

5．重命名文件和文件夹

文件名应该能够反映文件的基本特征和内容，以方便以后更好地对其进行管理和使用。如果需要更改文件或文件夹的名称，先选定要更改名称的文件或文件夹，然后选择"组织"按钮下拉菜单中的"重命名"命令（或者在文件或文件夹上单击右键，选择"重命名"命令），直接输入新的名称，单击鼠标左键或直接回车确认即可，如图 1-50 所示。在改名过程中，注意不要更改文件的扩展名，以免引起文件类型的改变。

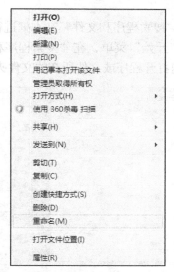

图 1-50　快捷菜单中的文件重命名

6．设置文件或文件夹属性

在 Windows 操作系统中，根据不同的需要，我们可以给文件或文件夹设置只读、隐藏和存档属性。首先选定文件或文件夹，然后打开"组织"按钮下拉菜单中的"属性"命令，或者在文件或文件夹上单击右键，选择菜单中的"属性"命令，都会打开属性设置对话框，如图 1-51 所示。在属性设置对话框中，除了可以设置相关属性外，还详细显示了该文件（夹）的其他的一些信息，对于文件夹，还可以在这个对话框中设置共享，以便在网络中和其他用户进行信息的共享。

图 1-51　文件属性设置对话框

7．搜索文件或文件夹

在管理文件和文件夹的过程中，用户可能忘记了某些文件或文件夹的名字，也可能忘记它们所在的位置，此时用户可以通过 Windows 7 提供的"搜索"功能，准确、快捷地确定文件或文件夹所在的位置。

● 利用"开始"菜单中的"搜索程序和文件"文本框进行搜索。

单击"开始"按钮，弹出"开始"菜单，在"搜索程序和文件"文本框中，输入查找的文件名称或程序名称，可以快速打开程序或文件所在的文件夹，如图 1-52 所示。

图 1-52　"搜索程序和文件"文本框

● 在文件夹窗口中直接搜索文件。

如果一个文件夹中包含有很多文件，要查找需要的文件比较麻烦，可以通过文件夹中的搜索功能直接查找到所需文件。

在"搜索…"文本框中输入需要查找的文件的文件名，系统就会直接显示进行搜索，并进行显示，如图 1-53 所示。也可以在文本框中输入文件的扩展名"*.docx"，即可直接搜索到此扩展名的所有文件，如图 1-54 所示。

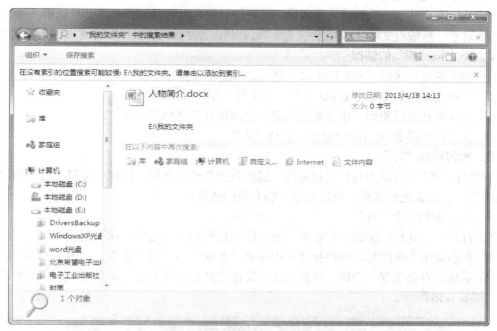

图 1-53　在"搜索…"文本框输入内容

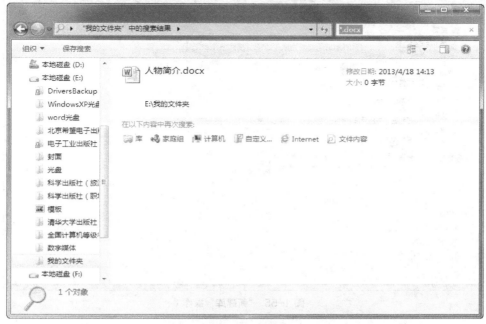

图 1-54　搜索的结果

3.3.3　Windows 7 中的 "库"

Windows 7 中的 "库" 可以管理不同类型的文件，不过要使用该功能还需要一定的条件，这里的条件主要是针对 "库" 的位置来说的。下面分别介绍支持 "库" 和不支持 "库" 的各种情况。

1．支持 "库" 的情况

① 只要本地磁盘卷是 NTFS，不管是固定卷还是可移动卷，都支持 "库"。

② 基于索引共享的，如部分服务器，或者基于家庭组的 Windows 7 计算机都支持 "库"。

③ 对于一些脱机文件夹，如文件夹重定向，如果设置是始终脱机可用的话，那么也支持 "库"。

2．不支持 "库" 的情况

① 如果磁盘分区是 "FAT/FAT 32" 格式，那么不支持 "库"。

② 可移动磁盘如 U 盘、DVD 光驱，不支持 "库"。

③ 既没有被脱机使用，也没被远端索引的网络共享文档不支持 "库"。

④ 另外，NAS 即网络存储器也不支持 "库"。

3．如何管理 "库"

管理好 "库"，可以为我们查找图片、视频等文件带来方便。创建一个属于自己的 "库" 比较简单，而且也比较实用，可以存储一些有用的资料。

4．快速创建一个 "库"

① 打开 "计算机" 窗口，在左侧的导航区可以看到一个名为 "库" 的图标。

② 用右键单击该图标，在快捷菜单中选择 "新建" → "库" 命令，如图 1-55 所示。

③ 系统会自动创建一个库，然后就像给文件夹命名一样为这个库命名，如命名为 "我的库"，如图 1-56 所示。

图 1-55　"新建库" 操作

图 1-56　新建的库名称

5．将文件夹添加到"库"

① 用右键单击导航区名为"我的库"的库，选择"属性"命令，弹出其属性对话框，如图 1-57 所示。

② 单击 [包含文件夹(I)...] 按钮，在打开的对话框中选中需要添加的文件夹，再单击下面的 [包括文件夹] 按钮即可，如图 1-58 所示。

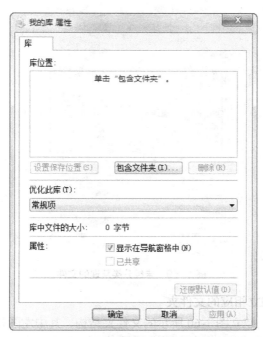

图 1-57　"我的库 属性"对话框

图 1-58　选中需要的文件夹

3.4　任务实施

经过分析，王超计算机中的数据主要包括文档、音乐、图片、游戏四大类，现在要把它们归类到相应的文件夹中，另外有些文件的名称还要进行更改。未经分类整理的文件如图 1-59 所示。

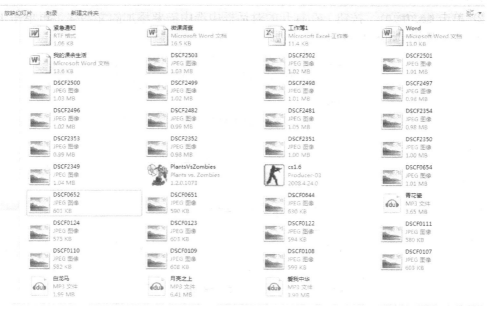

图 1-59　未经分类整理的文件

1．根据文件分类建立相应的文件夹

打开某个非系统盘，建立图 1-60 所示的文件夹结构，其中左图是简单地进行归类；如果为以后管理文件更加方便，可以参考右图进行详细规划分类。

图 1-60　建立分类文件夹

新建文件夹的操作比较简单，使用"计算机"定位到需要建立文件夹的位置，使用窗口中的"新建文件夹"命令即可，如图 1-61；也可以在工作区的任意空白处单击右键，在出现的菜单中选择"新建"→"文件夹"命令即可，如图 1-62 所示。对于新建好的文件夹，系统会给出默认的名称"新建文件夹"，根据实际需要直接输入新的名称，按"回车"键进行确定。

图 1-61　使用"新建文件夹"按钮新建文件夹

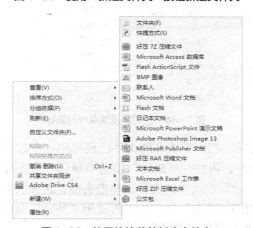

图 1-62　使用快捷菜单新建文件夹

知识链接

新建文件

由于计算机中的文件有许多类型，所以在新建文件时需要明确指出，如新建"Word 文档"或"文本文档"等。这些新文件的内容是空白的，需要打开相应的应用程序来编辑处理。

2．将不同类型的文件归类到相应的文件夹中

如果需要归类的文件数量较少，只需要先选定这些文件，再使用"复制"或"剪切"命令，将其复制或是移动到相应的文件夹中即可。但是对于数量较多的文件，为方便操作，在选定前可以打开"查看"菜单中的"排列图标"，选择"类型"命令，如图 1-63 所示（也可以使用右键快捷菜单，如图 1-64 所示），这样就可以将原本混排在一起的文件按照文件类型进行排序，更方便我们进行文件的选定。

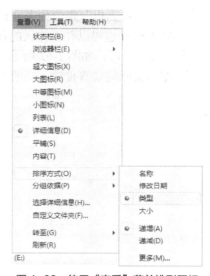

图 1-63　使用"查看"菜单排列图标

图 1-64　使用快捷菜单排列图标

经过使用按类型排列后，相同扩展名的文件已经排列在一起。我们先将图片文件进行归类。先单击选中第一个图片，再按住"Shift"键选中最后一个图片，这样就选中了所有的图片文件，如图 1-65 所示；然后在选中的文件上单击右键，选择快捷菜单中的"剪切"命令；最后打开前面建立好的"图片\朋友"文件夹，再使用"粘贴"命令，这样就完成了图片文件的归类（见图 1-66），其他类型文件的操作以此类推。

图 1-65 使用"Shift"键选择同一类型所有文件

图 1-66 完成图片文件的归类

3．更改合适的文件名称

文件归类完毕后，我们再来检查一下有无不规范的文件名称，如音乐文件"20062132.mp3"其实是歌曲"北京欢迎你"，使用"重命名"命令将其更改过来即可，如图 1-67 所示。

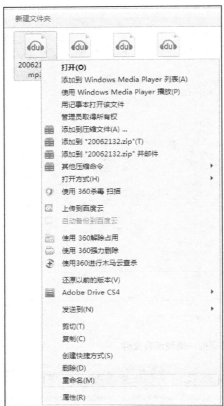

图 1-67　更改不规范的文件名称

知识拓展

数据备份

对于经过分类整理的、已经归类存放到非系统盘中用户的数据和资料，相比以前更便于管理和使用，也更加安全。但是如果出现全盘感染病毒或是硬盘损坏等问题，还是会给用户带来损失。因此，对于一些比较重要的数据，还应在其他存储设备上进行多重备份，如 U 盘、刻录光盘、移动硬盘或是网络硬盘等，这样对于用户数据的安全更有保障。

PART 2

项目 2
Word 2010 的使用

任务 1　写一封"漂亮的"信

学习目标

- 了解 Word 2010 的窗口组成
- 熟悉 Word 文档的创建、打开、保存、关闭等基本操作方法
- 熟练掌握 Word 文档中文字录入和编辑的方法
- 熟练掌握文字、段落和页面格式的编辑方法

1.1　任务描述

　　小豹想写一封信给好友小鹿，可又为自己写不出漂亮的汉字而犯愁。碰巧，他看见阿虎的桌上放着一封打印好的家信（见图 2-1），字体非常漂亮。于是，他决定请教阿虎如何写出一封"漂亮的"信。

图 2-1　阿虎的家信

1.2 任务分析

在生活中，我们经常需要写一些信件、公文。如果手写，修改和保存都不方便。Word 是 Microsoft Office 套装软件包中的一个文字处理程序，我们使用 Word 软件不仅可以轻松地解决文档修改和保存的问题，还能方便地对文档字体、段落和页面格式进行修饰。

1.3 相关知识

1.3.1 Word 基本概念

1．Word 文档

Word 文档是 Word 数据存放的基本形式，以 docx 为扩展名（Word 2007 以前的版本，扩展名是 doc）。

2．Word 窗口组成

如图 2-2 所示，Word 2010 工作窗口主要包括标题栏、快速访问工具栏、菜单栏、功能区、标尺、文档编辑区、状态栏等。可以发现，Word 窗口组成和"写字板"程序的窗口组成很相似，但其内容更加丰富、功能更加强大。

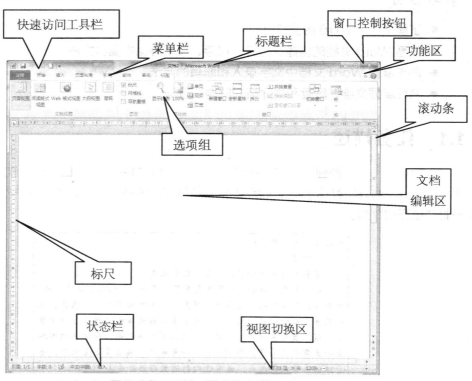

图 2-2　Word 窗口基本组成元素

3．视图

所谓视图，是指文档在 Word 窗口中的显示方式。Word 2010 为用户提供了多种视图方式，以便于在文档编辑过程中，能够从不同的侧面，不同的角度查看所编辑的文档。视图方式的改变不会对文档本身做任何的修改。

通常，我们都在"页面视图"方式下进行 Word 操作，因为在"页面视图"方式下显示的文档效果与打印效果基本一样，这有利于我们对文档的编辑工作。除"页面视图"方式外，Word 2010 中提供了多种视图模式供用户选择，这些视图模式包括"阅读版式视图""Web 版式视图""大纲视图""草稿视图"等视图方式。用户可以在"视图"功能区中选择需要的文档视图模式，也可以在 Word 2010 文档窗口的右下方单击视图按钮选择视图。

1.3.2　Word 2010 的基本操作

与多数 Windows 应用程序一样，Word 2010 提供了 3 种操作方式：菜单方式、键盘命令方式和工具栏方式。在任务的执行过程中，我们可以根据实际情况进行选择。

1．Word 的启动

Word 软件常用的启动有以下两种方式。

① 通过桌面上 Word 快捷方式图标。

② 通过桌面"开始"菜单中的"程序"项启动 Word 2010。

2．创建新的空白文档

（1）采用菜单方式

① 选择"文件"→"新建"→"空白文档"命令，立即创建一个新的空白文档，如图 2-3 所示。

② 选择"空白文档"选项，就可以创建一个空白文档。

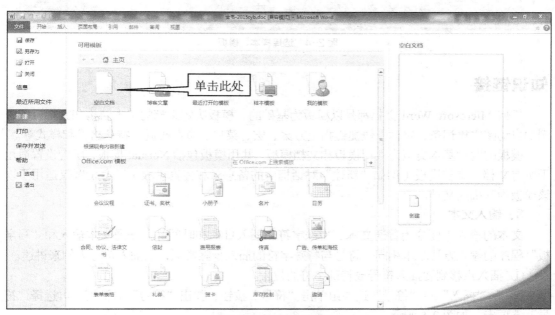

图 2-3　新建文档窗格

（2）利用模板建立新文档

① 选择"文件"→"新建"命令，在右侧选中"样本模板"选项，如图 2-4 左图所示。

② 在"样本模板"列表中选择适合的模板，如"原创报告"，如图 2-4 右图所示。

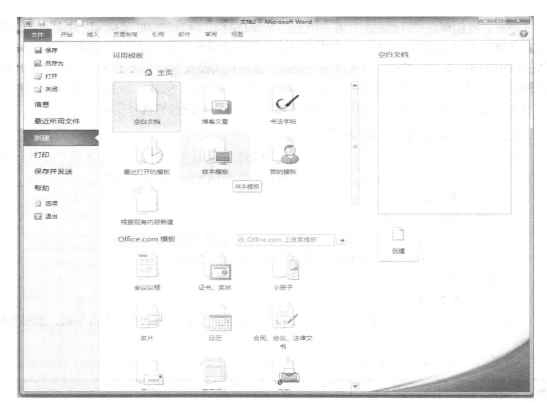

图 2-4　选择样本、模板

知识链接

任何 Microsoft Word 文档都是以模板为基础的。模板决定文档的基本结构和文档设置，例如自动图文集词条、字体、快捷键指定方案、宏、菜单、页面布局、特殊格式和样式等。

模板的两种基本类型为共用模板和文档模板。共用模板包括 Normal 模板，所含设置适用于所有文档。文档模板（例如"新建"对话框中的备忘录和传真模板）所含设置仅适用于以该模板为基础的文档。

3．输入文本

文本的输入主要分为普通文本、特殊字符和插入日期和时间等。普通文本输入和"写字板"程序的输入方法基本相同。符号与特殊字符的插入步骤类似，以插入符号为例来讲述。

① 插入点移到要插入符号或特殊字符的位置。

② 在"插入"→"符号"选项组单击"符号"按钮，弹出"符号"对话框，再选择"符号"选项卡，如图 2-5 所示。

③ 在"字体"和"子集"下拉列表框中选定合适的字体和符号子集，然后在符号列表中单击选中的符号，最后单击"插入"按钮即可。

对于当前系统日期和时间，可以利用"插入菜单→日期和时间"命令来完成。

4．保存文档

文档建立或修改好后，需要将其保存到存储设备上，才能够长期地使用它。保存文档有如下几种情况。

（1）保存为默认文档类型

① 选择"文件"→"选项"命令。

② 打开"Word 选项"对话框，在"保存"选项右侧单击"将文件保存为此格式"右侧下拉按钮，在下拉菜单中选择"Word 文档（*docx）"，如图 2-6 所示。

图 2-5　插入"符号"对话框

图 2-6　设置默认保存类型

③ 单击"确定"按钮，即可将"Word 文档（*docx）"作为所有新建文档的保存类型。

（2）保存支持低版本的文档类型

如果想要在只安装了 Office 低级版本，如 2003 版本的计算机上打开 Word 2010 文档，可以将文档保存为支持低版本的"Word97-2003 文档（*doc）"。

① 选择"文件"→"另存为"命令。

② 打开"另存为"对话框，单击"保存类型"右侧的下拉按钮，在下拉菜单中选择"Word97-2003 文档（*doc）"。

③ 单击"保存"按钮，即可将文档保存为支持低版本的文档类型。

（3）将文档保存为 PDF 类型

为了防止文档被他人更改，可以将文档保存为 PDF 类型的文件。

① 选择"文件"→"保存并发送"命令，在"文件类型"区域选择"创建 PDF/XPS"文档类型，然后单击"创建 PDF/XPS"按钮，如图 2-7 所示。

图 2-7 创建 PDF 文件

② 在打开的"发布为 PDF 或 XPS"对话框中单击"发布"按钮，即可将文档保存为 PDF 亲文件。

5．关闭文档

关闭文档的方式通常有以下两种。

① 选择"文件"→"退出"命令。

②直接单击 Word 窗口右上角的"关闭"按钮。

6．打开文档

（1）打开以前的文档

① 选择"文件"→"打开"命令，如图 2-8 所示。

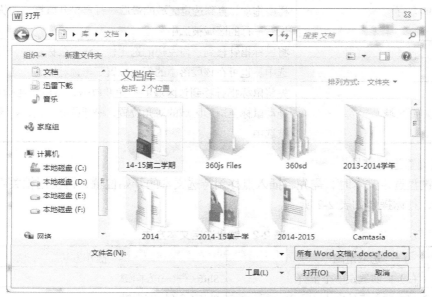

图 2-8 "打开"对话框

② 在左侧下拉列表中选定包含要打开文档的驱动器、文件夹。

③ 在文件夹列表中双击包含要打开文档的文件夹，直到出现文档名列表。

④ 在文件名列表中双击要打开的文档图标，或者单击选中它，再单击"打开"按钮。

（2）打开最近使用过的文档

如果待打开的文档是最近使用过的，则会列在"文件"菜单的"最近所用文件"命令中，再单击相应的文档就会打开。

7．文档的编辑

（1）选定文本

● 用鼠标选定字块。

用鼠标选定字块的方法如表 2-1 所示。

表 2-1 鼠标选定文本方法

选取范围	操作方法
选定任意数量的文本	按下鼠标左键从起始位置拖动到终止位置，鼠标拖过的文本即被选中。这种方法适合选定小块的、不跨页的文本
	将插入点置于起始位置，然后按住\<Shift\>键，并单击终止位置，起始位置与终止位置之间的文本就被选中。这种方法适合选定大块的、跨页的文本
选定一行文本	将鼠标指针移到该行的选定栏（Word 文档左侧，鼠标指针形状变成指向右上角箭头的区域称为选定栏），单击鼠标左键，则该行被选中

选取范围	操作方法
选定连续的多行	将鼠标指针移到待选第一行的选定栏位置，按住鼠标左键在选定栏中拖动，直到选定区域的最后一行再松开鼠标，则从第一行到最后一行的区域被选中
选定一个段落	将鼠标指针移到该段左边的选定栏，双击鼠标左键，则该段落被选中。也可在该段落中的任意位置三击鼠标左键，选定该段
选定一个矩形区域	先将鼠标指针移到该区域的一角并单击，然后按住<Alt>键，再拖动鼠标至矩形区域的对角位置，松开鼠标左键，则该矩形区域被选中

● 用键盘选定字块。

使用键盘选定文本时，需先将插入点移到待选文本的开始位置，再使用相关组合键进行选定操作，具体操作如表2-2所示。

表2-2　键盘选定文本方法

选取范围	操作方法
分别向左（右）扩展选定一个字符	Shift+←(→)方向键
分别扩展选定由插入点处向上（下）一行	Shift+↑(↓)方向键
从当前位置扩展选定到文档开头	Ctrl+Shift+Home
从当前位置扩展选定到文档结尾	Ctrl+Shift+End
选定整篇文档	Ctrl+A 或 Ctrl+5（此处仅指数字小键盘上的5）

要取消选定，请单击文档的任意位置。

（2）文本的移动、复制与删除

文本的移动、复制与删除操作与写字板等编辑软件相似，此处不再介绍。

（3）查找、替换与定位

对现有文档进行编辑修改时，往往需要找到指定的文本内容。Word 2010中提供了按指定内容快速定位的功能，并且能将搜索到的内容替换掉，用户在修改、编辑大篇幅文档时，使用非常方便。

① 打开长篇文档，单击"开始"→"编辑"选项组中的"替换"按钮，如图2-9所示。

图2-9　选择编辑选项

② 打开"查找和替换"对话框，选择"定位"选项卡，在"定位目标"列表框中选中"页"选项，接着在"输入页号"文本框中输入查找的页码（如"8"），单击"定位"按钮，如图2-10所示。

③ 自动关闭"查找和替换"对话框，文档自动定位到指定页。

图 2-10　定位指定页

知识拓展

无论是查找还是替换，如果有特殊要求，还可以单击"高级"按钮。比如要将所有字体颜色为红色的"夏天"替换成字体颜色为蓝色的"Summer"，单击"高级"按钮后，就可以在展开的对话框中找到"格式→字体"选项来完成。

● 定位。

如果要迅速地跳转到某一页面，可以使用"定位"功能。

① 选择"编辑"菜单中的"定位"命令，或按<Ctrl+G>键，打开"查找和替换"对话框，选择"定位"选项卡，如图 2-11 所示。

② 在"定位目标"列表框中选择定位目标，如页、节、行等。

③ 在"输入页号"文本框中输入定位目标的具体页码。

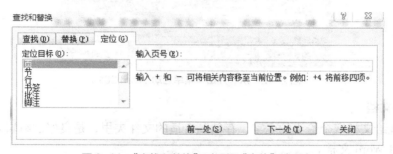

图 2-11　"查找和替换"对话框"定位"选项卡

双击状态栏页码位置，也会弹出"定位"对话框。

8．文档格式的编排

Word 文档基本格式的编排主要包括字符格式和段落格式两方面内容，一般通过"格式"菜单和"格式"工具栏进行设置，具体的操作方法将在任务实施过程中进行介绍。

1.4　任务实施

学习上述基础知识后，小豹同学开始给小鹿写信了。

1．启动 Word 2010

在桌面上选择左下角的"开始"→"所有程序"→"Microsoft Office"→"Microsoft Office Word 2010"命令，如图 2-12 所示，可以启动 Microsoft Office Word 2010 主程序，打开 Word 空白文档。

图 2-12　从"开始"菜单启动 Word 2010

2．保存文档

一开始就给文档取个恰当的名字，存储到合适的文件夹里，是良好的编辑习惯，它便于日后管理编辑 Word 文档。

在这里，我们采用了工具栏操作方式，步骤如下。

① 单击工具栏"保存"按钮，打开"另存为"对话框。

② 文档以"给小鹿的信.doc"为文件名，存储存到"我的文档"文件夹下。

③ 单击"保存"按钮。

3．设置自动保存

由于 Word 文档的编辑工作是在内存中进行的，当临时断电或意外死机时很容易使未保存的文档丢失，所以 Word 2010 提供了自动保存文档的功能，可以根据设定的时间间隔定时自动地保存文档，尽可能地降低意外造成的损失。

① 选择"文件"→"选项"命令，打开"选项"对话框，然后选中"保存"选项卡，如图 2-13 所示。

② 选中"保存自动恢复信息时间间隔"复选框。

③ 在"分钟"框中，选定或输入两次自动保存的时间间隔数值"2"，即完成了自动保存的设定工作。

图 2-13　设置自动保存

4．录入文字

信中的文字，除最后一行日期外，都是普通文本，普通文本录入过程比较简单。当然，日期也可以以普通文本方式录入，但 Word 2010 对于当前系统日期和时间，提供了相当方便的插入方法，如下所述。

① 将插入点移到要插入当前日期和时间的位置。

② 选择"插入"→"日期和时间"命令，打开"日期和时间"对话框，如图 2-14 所示。

③ 在"语言"列表框中选择用于日期和时间的语言。

④ 在"可用格式"列表中单击选中的日期和格式，再单击"确定"按钮。

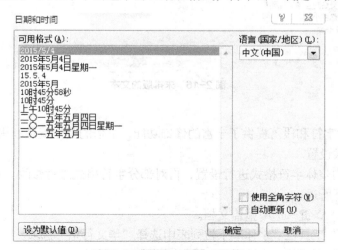

图 2-14　"日期和时间"对话框

知识链接

Word 提供了两种录入状态:"插入"和"改写"状态。当前所处的录入状态,可以在 Word 窗体状态栏中查看到,默认是"插入"状态,如图 2-15 所示。"插入"状态是指键入的文本将插入到当前光标所在的位置,光标后面的文字将按顺序后移;"改写"状态是指键入的文本将光标后的文字按顺序覆盖掉。"插入"和"改写"状态可以通过键盘<Insert>键切换,或者双击状态栏上的改写标记完成切换。

图 2-15　状态栏

文本录入后的效果如图 2-16 所示。

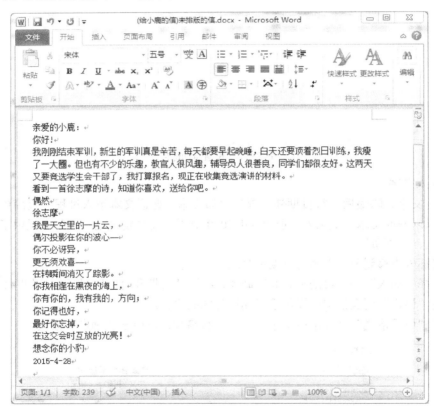

图 2-16　未排版的文本

5.文本排版

Word 2010 对字符和段落提供了丰富的修饰功能,书信的美化就是利用该功能来实现的。

(1)字符格式设置

首先对书信的整体字符格式进行设置,再对部分字符格式进行修改。对全文字符格式进行修改的步骤如下所述。

① 按下<Ctrl+A>键,选中整篇文档。

② 从"格式"工具栏"字体"下拉列表中选择"华文行楷"选项。

③ 从"字号"下拉列表中选择"三号",如图 2-17 所示。

图 2-17 从"格式"工具栏中选择字体和字号

知识链接

在 Word 窗口中未显示出所需的工具栏，可以通过以下方法设置工具栏的显示与否。

① 单击"视图菜单→工具栏"选项，即显示可供选择的工具栏。

② 单击要显示的工具栏，使其左方出现"√"，该工具栏即可显示在窗口上。

为增加信中诗歌的显示效果，可以对诗歌的格式进行一些专门的设置。

① 选中标题"偶然"。

② 单击"加粗"按钮，设置字形为加粗。

③ 从"字体颜色"下拉列表中选择"深蓝"选项，如图 1-18 所示。

图 2-18　调色板

④ 选中从"偶然"到"在这交会时互放的光亮！"之间的所有文字。

⑤ 从"字体"下拉列表中选择"宋体"。

任务中的字符格式设置采用了工具栏操作方式，我们还可以采用"字体"对话框（见图 2-19）对文本格式进行更精确的设置。

知识链接

除字体、字形、字号、字符颜色等基本格式外，利用"字体"对话框还可以进行字符间距、文字效果等更为复杂的设格式置。

（2）段落格式设置

段落格式排版的内容主要包括段落的对齐方式、段落缩进、行距、段间距等，本任务中段落格式设置内容如下。

① 选中从"你好！"到"知道你喜欢，送给你吧。"之间的段落。

② 单击"段落"命令，打开"段落"对话框，设置特殊格式"首行缩进"的度量值设为"2 字符"，行距设为"1.5 倍行距"，如图 2-20 所示。

③ 选中从"偶然"到"在这交会时互放的光亮!"之间的所有段落,单击"居中"按钮 .

④ 选中最后两行,单击"右对齐"按钮 .

⑤ 在文字"徐志摩"前键入空格,调整其到合适的位置。

图 2-19 "字体"对话框

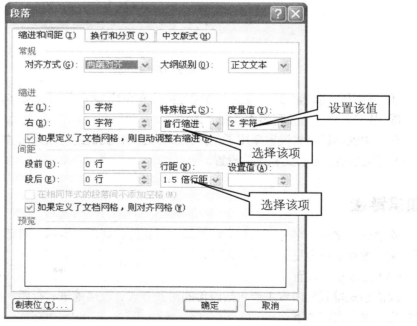

图 2-20 设置段落格式

排版好的信,效果如图 2-21 所示。

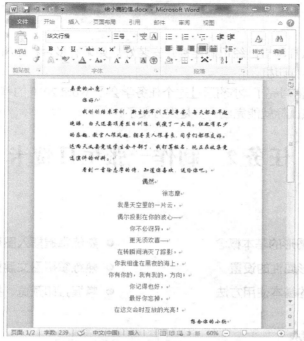

图 2-21　排版好的信

6．保存文档

单击"保存"按钮完成保存文档工作。

7．打印

① 选择"文件"→"打印"命令，打开"打印"对话框，如图 2-22 所示。

② 单击"页面范围"选项组中的"全部"单选按钮，设置打印当前文档的所有内容。

③ 单击"确定"按钮，开始打印。

图 2-22　"打印"对话框

知识链接

打印前，需确认打印机已经正确连接并安装好。如果有多台打印机，可以在"名称"下拉列表中选择所需的打印机。

至此，给小鹿的信写完了。小豹通过这个任务学会了 Word 2010 的基础操作，他发现 Word 大多数操作只要点点鼠标就能完成，真是太方便了！

任务 2　制作一张生日贺卡

学习目标

- 了解 Word 图形的基本概念
- 熟练掌握图形属性的设置
- 掌握文本框的基本使用方法

- 熟练掌握插入图形的基本方法
- 熟练掌握图文混排的技巧
- 掌握打印预览、打印的基本方法

2.1　任务描述

小鹿马上要过 20 岁生日了，小豹决定送她一份特别的礼物——亲手制作的生日贺卡，如图 2-23 所示。

图 2-23　生日贺卡

2.2　任务分析

不管是正式的公文、论文，还是日常的贺卡、小说之类的文本，都会需要一些图片、流程图来说明、修饰。在 Word 2010 中可以非常轻松地为文档添加一些相应的图片。

2.3　相关知识

2.3.1　Word 中常见的概念

1．剪贴画

剪贴画是 Microsoft Office 软件自带的，它主要是一些 wmf 格式的矢量图，图 2-24 就是两张剪帖画样图。

图 2-24　剪贴画样图

2．艺术字

所谓的艺术字，就是把一个传统的字体有意义性、创意性和特殊性地自然美化。Word 提供了多种式样的艺术字，它们是使用现成效果创建的文本对象，并可以对其应用其他格式效果，其样例如图 2-25 所示。

艺术字

图 2-25　"艺术字"样图

3．形状

形状是一些固定的现成的图形，包括如矩形和圆这样的基本形状，以及各种线条和连接符、箭头汇总、流程图符号、星与旗帜和标注等。图 2-26 是一个添加了"阴影样式"的形状。

图 2-26　自选图形样图

4．文本框

文本框是存放文本的容器，可在页面上定位并调整其大小，具有横排和竖排两种方式。有了文本框，文本输入的位置就更加灵活了。文本框还可作为图形处理。它的多种格式设置方式与图形格式设置方式相同，包括添加颜色、填充及边框。在图 2-27 中，两个文本框分别是横排和竖排样式，并分别设置了它们的边框及填充效果。

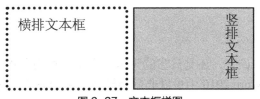

图 2-27　文本框样图

5．图文混排

为了增强文档的美观效果，增加文档的说服力和感染力，通常需要在文档中附加一些图片，这就是文字和图片共同排版的问题，即图文混排。

嵌入式图片：默认情况下，插入到文档的剪贴画或图片为嵌入式，只能放置到文档插入点位置，既不能在其周围环绕文字，也不能与其他对象组合。嵌入式对象周围的 8 个尺寸控点是实心的，并带有黑色边框，如图 2-28 所示。

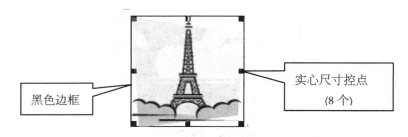

图 2-28　嵌入式图片

浮动式图片：修改图片的环绕属性后，嵌入式图片就会变为浮动式图片。浮动式图片可以放置到页面的任意位置，允许其与其他对象组合。浮动式对象周围的 8 个尺寸控点是空心，并带有一个旋转控点，如图 2-29 所示。

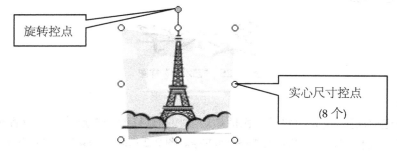

图 2-29　浮动式图片

6．图形对象和图片

Word 提供两种基本类型的图形来增强文档的效果：图形对象和图片。

图形对象包括自选图形、图表、曲线、线条和艺术字图形对象。使用"绘图"工具栏可以更改这些对象的颜色、图案、边框和其他效果。

图片是由其他文件创建的图形。它们包括位图、扫描的图片和照片以及剪贴画。通过使用"图片"工具栏上的选项和"绘图"工具栏上的部分选项可以更改图片效果。

7．组合

组合是对象的集合，在对其中的对象进行移动、调整大小或旋转时，这些对象表现为一个整体。一个组合可由多个组组成。图 2-30 是自选图形"十字星"和"十六角星"组合后，旋转 45 度，并为"十字星"填充浅黄色后的效果。

图 2-30　图形对象组合效果

2.3.2　Word 2010 的基本操作

1．插入图片

（1）插入剪贴画

① 将插入点定位于要插入剪贴画或图片的位置。

② 从"插入"菜单中选"图片"命令，再从子菜单中选"剪贴画"命令，在窗体左侧将出现"剪贴画"任务窗格（见图 2-31），单击"搜索"按钮，就会在图片区列出所有的剪贴画。

③ 单击所需剪贴画，将图片插入到指定位置。

可以在"搜索文字"文本框中输入剪贴画类别，再单击"搜索"按钮，这样能缩小输入范围。

图 2-31　"剪贴画"任务窗格

（2）插入来自文件的图片

① 将插入点定位于要插入图形文件的位置。

② 从"插入"菜单中选"图片"命令，打开"插入图片"对话框，如图 2-32 所示。

③ 在对话框中，从"查找范围"下拉列表框中选择图形文件的查找位置，在"文件类型"下拉列表框中确定图形文件类型。

④ 单击"插入"按钮。

图 2-32　"插入图片"对话框

关于插入自选图形和艺术字的方法，将在任务实施过程中进行介绍。

2．编辑图形

Word 中图片和图形对象的编辑方式类似。

（1）调整图形位置

嵌入式图形的位置和文本位置控制方法相同，对于浮动式图形调整图形位置的方法有如下 3 种。

● 鼠标拖动法。

当鼠标悬停在需选定图形上方变成带十字箭头指针时，直接用鼠标拖动，可以将图形放置到文档的任意位置。

● 微移法。

按住<Ctrl>键，再按下任意方向键，可对浮动式图形位置进行微调。

● 精确定位法。

若要精确地定位图形，可按如下步骤进行操作。

① 将鼠标指向需精确调整位置的图形，单击鼠标右键，在弹出的快捷菜单中选"设置图片格式"命令，在对话框中选中"版式"选项卡，如图 2-33 所示。

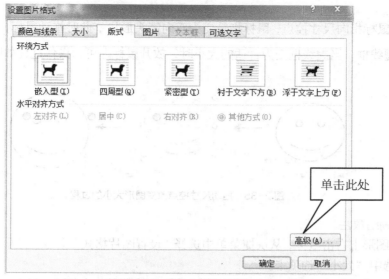

图 2-33 "设置图片格式"对话框中"版式"选项卡

② 单击"高级"按钮，打开"布局"对话框中的"位置"选项卡，如图 2-34 所示。

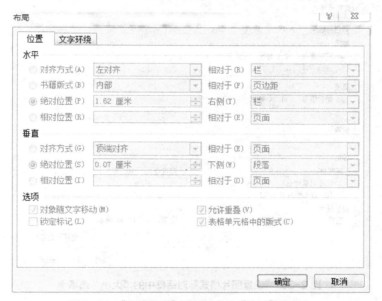

图 2-34 "高级版式"对话框中的"位置"选项卡

③ 在"水平"选项组中选择水平对齐方式及位置；在"垂直"选项组中选择垂直对齐方式及位置。

④ 设置完毕，单击"确定"按钮。

（2）改变图形大小

改变图形大小的方法主要有如下两种。

● 拖动控点法。

具体操作步骤如下所述。

① 单击选定要调整大小的图形，出现尺寸控点。

② 将鼠标指向尺寸控点，鼠标指针变为双向箭头形状，此时拖动鼠标，出现一个代表图形大小的虚线框，当虚线框变为合适的大小时，放开鼠标即可，操作过程如图 2-35 所示。

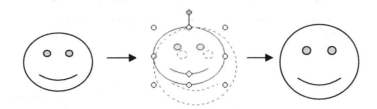

图 2-35　拖动尺寸控点改变图形大小的过程

● 精确缩放法。

① 在图形上右击鼠标，从快捷菜单中选择"设置图片格式"命令，打开"设置图片格式"对话框，选中"大小"选项卡。

② 在"尺寸和旋转"区域中设置图形的高度和宽度值，如图 2-36 所示。

③ 设置完成，单击"确定"按钮。

图 2-36　"设置图片格式"对话框中的"大小"选项卡

知识链接

先选中"锁定纵横比"复选框，然后设置高度或宽度值，可以让图形按原比例缩放。

● 裁剪图形。

当我们只需要源图形的一部分时，可以对源图形进行裁剪。利用裁剪工具对图形进行裁剪的方法如下。

① 选取需要裁剪的图形。

② 在"图片"工具栏上，单击"裁剪"按钮。

③ 将裁剪工具置于裁剪控点上，再执行下列操作之一。

- 若要裁剪一边，向内拖动该边上的中心控点。
- 若要同时相等地裁剪两边，在向内拖动任意一边上中心控点的同时，按住<Ctrl>键。
- 若要同时相等地裁剪四边，在向内拖动角控点的同时，按住<Ctrl>键。

知识链接

使用"裁剪"命令可以裁剪除动态 GIF 图片以外的任意图形。若要裁剪动态的 GIF 图片，可以在动态 GIF 编辑程序中修剪图片，再插入该图片。

3．图文混排

在 Word 2010 中，为了使图形四周环绕文字，修改嵌入式图形为浮动式，可按照下述步骤进行。

① 选中要设置文字环绕方式的图形。

② 单击"图片"工具栏上的"自行换行"按钮，从弹出的列表中选择文字的环绕方式，如四周型环绕、紧密型环绕等。

4．文本框操作

对文本框的操作有：插入文本框；输入及编辑文本框中的文字；设置文本框中文字的方向；调整文本框的大小及位置；设置文本框与四周文字的环绕关系等。这些操作方法与图形都很相像，就不再累述。

2.4 任务实施

学习 Word 插入、编辑图形的基础知识后，我们开始制作生日贺卡。

1．建立和保存文档

① 双击桌面快捷方式，启动 Word 2010，这时已经自动创建了空白 Word 文档——"文档 1.docx"。

② 单击"常用"工具栏中的"保存"按钮，打开"另存为"对话框，将文档以"生日贺卡.doc"为名，存储到"我的文档"文件夹下。

2．添加背景图片

在样图 2-1 中所看到的贺卡，并不是简单的一张图片，而是由多张不同种类的 Word 图形叠加产生的效果图。

我们就从最底层——背景层，开始贺卡制作。

① 选择菜单栏中的"插入菜单→图片"命令，打开"插入图片"对话框，选择"生日贺卡背景.jpg"文件，单击"插入"按钮，将贺卡背景插入到文档中。插入背景图片后的 Word 文档效果，如图 2-37 所示。显然，当前背景图片太小了。

② 调整背景图片的大小。将鼠标移动至图片尺寸控点处，等鼠标变成双向箭头时，拖动鼠标，将图片拖放至与页面同等大小。

③ 单击"图片"工具栏中的"自行换行"按钮，设置图片环绕方式为"衬于文字下方"，如图 2-38 所示。

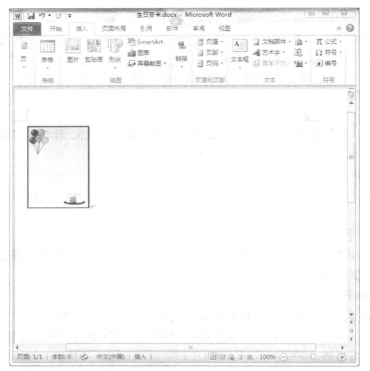

图 2-37　插入背景图片后的 Word 文档效果

图 2-38　"图片"工具栏"自行换行"按钮"衬于文字下方"选项

默认情况下，插入的"剪切画"、"来自文件"图片和艺术字都是嵌入式图片，由于它不能自由地移动位置，很难与其他的图片形成叠加效果，但改变环绕方式后，嵌入式图片即成为浮动式图片。

将图片环绕方式设为"衬于文字下方"后，则图形将移动到文字的后方，成为文字的背景图片。

3．添加"生日快乐"图样

"生日快乐"图样由两张图形叠加而成，底部的波浪形图是自选图形，上方的"生日快乐"字样则是艺术字。

（1）设置形状

① 选择菜单栏中的"插入菜单→形状"命令选项，打开"自选图形"工具栏，选择"星与旗帜"→"波形"选项，如图 2-39 所示。

选中该项

图 2-39　"形状"工具栏"星与旗帜"选项

② 将鼠标指针移到文档的相应位置，这时鼠标指针变成"十"形状，按下鼠标左键拖动，当拖动到合适的大小时松开鼠标，即生成所需"波形"图。

将鼠标悬停在工具栏按钮上，会显示出该按钮的名字。据此，我们可以很快地找到所需的"星与旗帜"按钮与"波形"图。

③ 将鼠标移动至图片上方，当它变成带十字箭头指针时，拖动"波形"图到合适的位置。

④ 拖动尺寸控点，调整"波形"图至适当的大小。

⑤ 右击"波形"图，在弹出式菜单中选择"设置自选图形格式"选项，打开"设置自选图形格式"对话框，选择"颜色与线条"选项卡，将填充颜色设定为"浅黄"，将线条颜色设定为"无线条颜色"，如图 2-40 和图 2-41 所示。

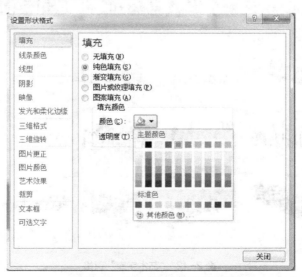

图 2-40　设置"波形"图填充色

图 2-41　设置"波形"图线条颜色

（1）设置艺术字

① 选择菜单栏中的"插入菜单→艺术字"选项，打开"艺术字库"窗格，选择默认的艺术字样式，如图 2-42 所示。

② 单击"确定"按钮，打开"编辑'艺术字'文字"窗格，输入"生日快乐"字样，如图 2-43 所示。

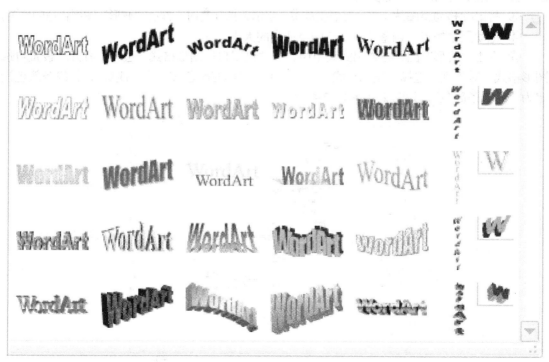

图 2-42　"艺术字库"窗格

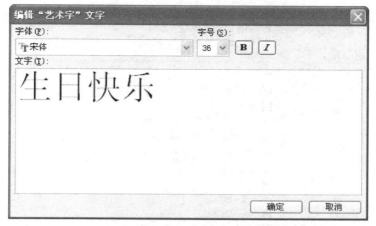

图 2-43 "编辑'艺术字'文字"对话框

知识链接

在"文字"框中输入需要的文字内容，并且可以通过"字体"和"字号"列表框来设置文字的字体和字号，如果要设置加粗或倾斜字形，请单击"加粗"或"倾斜"按钮。

③ 单击"确定"按钮，将在文档中出现"生日快乐"艺术字。右击艺术字，在弹出式菜单中选择"设置艺术字格式"选项，打开"设置形状格式"对话框，选择"填充"选项卡，选择"渐变填充"选项，选中"预设"单选按钮，在预设颜色下拉列表中选择"孔雀开屏"选项，如图 2-44 所示。

④ 选中艺术字，单击"艺术字"工具栏"文字环绕"按钮，选择"浮于文字上方"选项，设置艺术字为浮动式图片。

⑤ 右击艺术字，在弹出式菜单（见图 2-45）中选择"叠放次序命令""→置于顶层"命令，将艺术字作为图片层的最顶层。

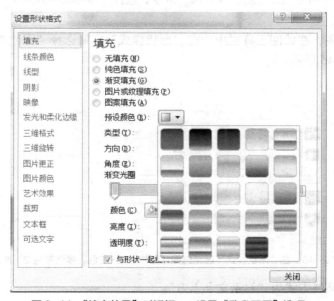

图 2-44 "填充效果"对话框——设置"孔雀开屏"选项

图 2-45 "叠放次序"命令选项

⑥ 拖动艺术字至"波形"图上方，并拖动尺寸控点调整艺术字大小，使其置于"波形"图内部。

⑦ 单击选中"波形"图，再按住<Ctrl>键的同时选中艺术字，然后右击鼠标，在弹出式菜单中选择"组合命令→组合"选项，将"波形"图和艺术字组合成一张图片，便于日后的编辑工作。

知识拓展

组合对象后，仍然可以选择组合中任意一个对象，方法是首先选择组合，然后单击要选择的对象。

4．制作心形

① 选择菜单栏中的"插入菜单→形状"命令，选择"基本形状/心形"选项，画出第一个心形图样。

② 选中心形图，在绘图工具栏中，在"形状样式"区域选择"强烈效果-红色，强调颜色 2"选项如图 2-46 所示。

图 2-46 在"形状样式"区域选择"强烈效果–红色，强调颜色 2"选项

③ 设置图片环绕方式为"衬于文字上方"。

④ 其余的心形均是复制第一个心形而得到。

知识链接

关于复制的操作过程，无论是文本还是图形，或者其他的 Word 对象，都很类似，均可以利用鼠标拖动法，或剪切板来完成。

5. 插入 Kitty 猫图片

Kitty 猫原图如图 2-47 所示。

图 2-47　Kitty 猫原图

在此，我们只需要图片中间部分，于是对原图进行了修改操作。

（1）裁剪原图得到所要的 Kitty 猫图片

① 选择菜单栏中的"插入菜单"→"图片命令"选项，插入原图。

② 选中原图。

③ 在"图片"工具栏上，单击"裁剪"按钮。将裁剪工具置于裁剪控点上，拖动鼠标，裁去不需要的部分。

（2）放置 Kitty 猫图片

① 设置图片环绕方式为"衬于文字上方"。

② 依据样图，将 Kitty 猫图片拖动至适当的位置。

6. 添加普通文本

① 找到文本起始位置，双击鼠标，定位好插入点，依据样图输入文本。

② 选中输入的文本，设置其字体为"华文彩云"、字号"小二"、字形"加粗"。

③ 使用空格和回车键，调整文本位置与样图一致。

知识链接

Word 2010 具有"即点即输"功能(只在页面视图和 Web 版式视图下有效)，即在空白页面的任意位置双击就可以输入文本，Word 2010 会自动在该点与页面的起始处插入回车符。如果不输入任何文本，单击其他位置，Word 2010 会自动删除插入的回车符。

7. 绘制直线

生日贺卡中文字下方的直线，是采用"绘图"工具栏的"直线"命令绘出的。只要单击"绘图"工具栏中的"直线"按钮，鼠标变成十字形，拖动鼠标，按样张画出水平直线即可。

知识拓展

绘制直线时，若要从起点开始以 15 度角绘制线条，请在拖动时按住<Shift>键；

若要从第一个结束点开始，向相反方向延长线条，请在拖动时按住<Ctrl>键。

8．添加文本"Happy Birthday!"

① 选择菜单栏中的"插入菜单→文本框→横排"选项，当鼠标变成"十"字指针时，在样图所示位置上，拖画出一个文本框。

② 输入英文字样"**Happy Birthday**"，然后选中英文字，设置其字体为"华文隶书"，字号"一号"，字形"加粗"，字体颜色"粉红"。

在文本框内输入文本或设置文本格式后，可能需要调整文本框的大小，否则会有部分的文字看不到。调整文本框大小的方法与调整图形大小的方法类似。

③ 右击文本框，在弹出式菜单中选择"设置文本框格式"选项，打开"设置自选图形格式"对话框，选择"颜色与线条"选项卡，设置线条颜色为"无线条颜色"。

操作时需要注意，右击的对象是文本框，而不是文本框内的文字，否则弹出的菜单选项中将会没有"设置文本框格式"选项。

9．保存文档

至此，生日贺卡的制作就全部完成了，单击"常用"工具栏中的"保存"按钮🖫保存文档。

10．打印生日贺卡

（1）打印以前，可以预览一下 Word 文档的打印效果如图 2-48 所示。

图 2-48　"文件菜单→打印"命令预览窗口效果

知识链接

如果想要查看文档的细节，可以拖动右下角"显示比例"滑块，选择合适的比例将文档放大。

（2）打印文档。

预览确认无误后，就可以打印文档了。可以使用"常用"工具栏中的"打印"按钮🖨按默认方式打印，也可以利用"文件"菜单"打印"命令调出"打印"对话框，设置打印参数后再打印。

① 选择"文件"→"打印"命令，在右侧窗格中单击"打印"按钮，即可打印文档，如图 2-48 所示。

② 在右侧窗格的"打印预览"区域，可以看到预览情况，在"打印所有文档"下拉列表中可以设置打印当前页或打印整个文档。

③ 在"单面打印"下拉菜单中可以设置单面打印或者手动双面打印。

④ 此外还可以设置打印纸张方向、打印纸张、正常边距等，用户可以根据需要自行设置。

⑤ 单击"确定"按钮，开始打印。

打印完成了，小豹拿着刚打印出来的生日贺卡，心里美滋滋的。

任务3　制作一份个人简历

学习目标

- 了解 Word 表格相关概念
- 熟练掌握 Word 表格的创建、编辑方法
- 熟悉 Word 表格组成
- 熟练掌握 Word 表格的排版技巧

3.1　任务描述

团总支将要举行一次模拟招聘会，需要每位同学撰写一份求职简历。因此，小豹要为自己制作一份简历，体验一下求职的感觉。

本任务所制作的个人简历样例如图 2-49 所示。

图 2-49　个人简历表

3.2 任务分析

在日常工作生活中，经常会遇到各式各样的表格，良好的表格设计，不仅能增强数据的可阅读性，还可以提高办事效率。Word 2010 提供了多种创建表格的方式和强大的表格编辑、排版功能，利用它，我们可以制作出各式精美的表格。

3.3 相关知识

3.3.1 Word 表格中的常见概念

1．表格

Word 中表格是指由行和列组成的网格，通常用来组织和显示信息。表格的组成如图 2-50 所示。

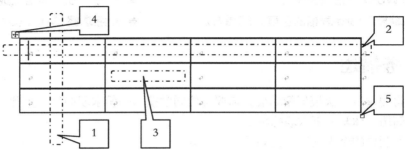

1—列，2—行，3—单元格，4—表格移动控点，5—表格缩放控点

图 2-50　表格组成

2．单元格

单元格是表格中交叉的行与列形成的框，可在该框中输入信息。

3．表格边框和底纹

我们可以为表格或表格中的某个单元格添加边框，或用底纹来填充表格的背景，还可以使用"表格自动套用格式"功能的多种边框、字体和底纹来使表格具有精美的外观。

知识链接

边框、底纹和图形填充能增加对文档不同部分的兴趣和注意程度。我们可以把边框加到页面、文本、表格和表格的单元格、图形对象、图片和 Web 框架中；可以为段落和文本添加底纹；可以为图形对象应用颜色或纹理填充。

3.3.2 Word 表格的基本操作

1．创建基本表格

Word 提供了多种创建基本表格的方式，我们可以进行选择。

（1）使用菜单命令创建表格

① 单击鼠标将插入点置于表格开始位置。

② 选择"表格菜单→插入→表格"选项，打开"插入表格"对话框，为表格选择列数和行数。

③ 单击"确定"按钮，完成表格插入。

创建表格时，应确保插入点与另一表格不相邻。

（2）使用工具栏按钮创建表格

① 单击"常用"工具栏上的"插入表格"按钮 。

② 单击"插入表格"按钮时将显示网格。沿对角线方向拖动鼠标，如图 2-51 所示。

③ 单击一下（在网格内）插入 2 行 3 列的表格。

当需要创建的表格所包含的行数或列数比此网格中显示的多时，可以根据需要沿水平或垂直方向拖动鼠标。这样，网格就会自动扩展。拖动鼠标至所需行列数后，释放鼠标按钮即可。

（3）使用"绘制表格"按钮绘制表格

使用"绘制表格"按钮，可以绘制出复杂的表格。

① 单击要创建表格的位置。

② 在"表格"菜单上，选择"绘制表格"命令。

③ "表格和边框"工具栏显示出来，鼠标指针变为笔形。

④ 首先需要确定表格的外围边框——绘制一个矩形边框。然后，在边框内绘制行、列框线。使用"绘制表格"按钮绘制表格的过程可由图 2-52 表示，其中，箭头方向表示鼠标绘制的方向。

⑤ 若要清除一条或一组线，先单击"表格和边框"工具栏上的"擦除"按钮 ，再单击需要擦除的线。

图 2-51 "插入表格"按钮下拉图框

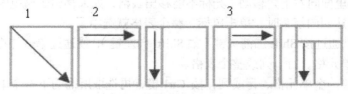

1-绘制出矩形边框，2-在边框内绘制行或列，3-进一步绘制行或列

图 2-52 使用"绘制表格"按钮绘制表格过程示意图

（4）使用"插入表格"命令

使用该步骤可以在将表格插入到文档之前选择表格的大小和格式。

① 单击要创建表格的位置，在"插入"→"表格"选项组中单击"表格"下拉按钮，选择"插入表格"命令，打开"插入表格"对话框。

② 在"表格尺寸"栏，选择所需的行数和列数，如图 2-53 所示。

③ 在"'自动调整'操作"栏，选择调整表格大小的选项。

④ 若要使用内置的表格格式，单击"快速表格"按钮，选择所需选项。

图 2-53 将指定行、列数插入表格

2. 向表格中添加文本

要向表格中的任何单元格添加文本，只需单击该单元格，然后开始键入，可以像在文档正文中所做的那样来设置表格中文本的格式。

3. 向表格中添加图形

像在文档正文中一样，通过粘贴或使用"插入"菜单上的选项，在表格单元格中插入图形。

4. 选取表格

"表格"菜单上的许多选项只有在插入点位于表格内时，或者选定表格（或部分表格）后才可使用。

① 选定行：在选定栏里单击，若需选中多行，则在选定栏里按住鼠标的左键拖动。

② 选定列：移动鼠标至该列的上方，当光标的形状变成实心黑色向下指的箭头↓时，单击鼠标。

如果选中多列，当鼠标变成黑色向下指的箭头的时，按住鼠标的左键拖动。

③ 选定单个单元格：将鼠标移动至待选定单元格的靠左边的地方，当光标变成往右向指的斜实心箭头↗时，单击鼠标。

④ 全选：将光标移动到表格中，在表格的左上角出现一个四向的箭头⊞（表格移动控点），光标在表格里面向左上角移动（光标不能移出表格，如果移出表格范围，四向箭头将会消失），当光标到达四向箭头时，单击鼠标，整个表格就选中了。

此外，还可以通过按 Shift 加箭头键（如 Shift+向左键），或通过单击并拖动鼠标，就像选择文本那样选择单元格、行、列或整个表格。

选取所需的第一个单元格、行或列，按 Ctrl 键，再选取所需的下一个单元格、行或列，可以选定不按顺序排列的多个项目。

5. 插入单元格、行或列

① 选定要插入的单元格、行或列数目相同的行或列。

② 在右键菜单中选择"插入"命令，选择"在左侧插入列"或"在右侧插入列"命令，即可在左侧或右侧插入一列；选择"在上方插入行"或"在下方插入行"命令，即可在上方或下方插入行，如图 2-54 所示。选择"单元格"命令，会弹出"插入单元格"对话框，选择要插入的位置。

图2-54 插入行列

要在表格末尾快速添加一行，单击最后一行的最后一个单元格，然后按 **Tab** 键。

使用"绘制表格"工具也可以在所需的位置绘制行或列。

6．删除单元格、行、列或表格

可以删除整个表格，也可以清除单元格中的内容，而不删除单元格本身。

（1）删除表格及其内容

① 单击表格。

② 在"布局"→"行和列"选项组中单击"删除"下拉按钮，在下拉菜单中选择"表格"命令。

（2）删除表格内容

① 选择要删除的项。

② 按 Delete 键。

（3）删除表格中的单元格、行或列

① 选择要删除的单元格、行或列。

② 在"布局"→"行和列"选项组中单击"删除"下拉按钮，在下拉列表中选择"单元格"、"行"或"列"命令。

知识链接

表格中删除和清除是两个不同的操作。清除的是所选单元格的内容，而删除则是删除整个单元格，包括其中的内容和格式。例如，我们选定单元格后，按 Delete 键，是清除所选单元格的内容，而不是删除单元格本身。

7．调整表格尺寸

Word 表格的尺寸及行高、列宽可根据需要进行相应的调整。

（1）粗略调整表格尺寸

① 在页面视图下，将光标置于表格上，表格尺寸控点□出现在表格的右下角。

② 将光标停留在表格尺寸控点上，出现一个双向箭头↖。

③ 将表格的边框拖动到所需尺寸。

（2）粗略调整表格的行高与列宽

① 利用标尺粗略调整行高或列宽。

② 利用行线或列线粗略调整行高或列宽。当鼠标指针移到单元格的行边框线或列边框线时，鼠标指针变为垂直⇕或水平✛双向箭头，此时拖动鼠标，可粗略调整表格的行高或列宽。

（3）精确调整表格、表格的行高或列宽

要精确调整表格尺寸、行高或列宽，可使用菜单命令按如下步骤进行。

① 选定待调整行或列。

② 选择表格后，右击，选择"表格属性"命令，打开"表格属性"对话框，如图 2-55 所示。若要调整表格尺寸，在对话框中可选择"表格"选项卡。若要调整行高，在对话框中可选"行"选项卡。若要调整列宽，在对话框中可选"列"选项卡。

图 2-55 "表格属性"对话框

（4）统一多行或多列的尺寸

① 选中要统一其尺寸的行或列。

② 右击，在弹出菜单中单击"平均分布各列"按钮田或"平均分布各行"按钮目。

8．复制或移动表格

表格可以像文本那样进行复制或移动。

此外，通过拖动表格移动控点田也可移动表格，此时表格转变成浮动图形对象。

9．合并和拆分单元格

（1）合并表格单元格

可以将同一行或同一列中的两个或多个单元格合并为一个单元格。例如，可以横向合并单元格以创建横跨多列的表格标题。

① 选择要合并的单元格。

② 在"布局"→"合并"选项组中单击"合并单元格"按钮，或单击"表格和边框"工具栏上的"合并单元格"按钮。

如果要将同一列中的若干单元格合并成纵跨若干行的纵向表格标题，可单击"表格和边框"工具栏上的"更改文字方向"按钮来更改标题文字的方向。

（2）拆成多个单元格

① 在单元格中单击，或选择要拆分的多个单元格。

② 在"布局"→"拆分"选项组中单击"拆分单元格"按钮，或单击"表格和边框"工具栏上的"拆分单元格"按钮，打开"拆分单元格"对话框，如图 2-56 所示。

图 2-56 "拆分单元格"对话框

③ 选择要将选定的单元格拆分成的列数或行数。

（3）拆分表格

方法一

① 要将一个表格分成两个表格，单击要成为第二个表格的首行的行。

② 选择"表格"菜单中的"拆分表格"选项。

方法二

选择要成为第二个表格的行（或行中的部分连续单元格，不连续选择仅对选择区域的最后一行有效），然后按 Shift+Alt+↓ 组合键，即可按要求拆分表格。

用这种方法拆分表格更加自由、方便，特别是把表格中间的某几个连续的行拆分出来，作为一个独立的表格，或把表格中间的某些行拆分出来作为一个独立的表格。

10．为表格添加边框

① 选择需要添加边框的表格。

② 在"格式"菜单上选择"边框和底纹"命令，打开"边框和底纹"对话框，再单击"边框"选项卡，如图 2-57 所示。

③ 选择所需选项。

图 2-57 "边框和底纹"对话框

若要给指定边缘添加边框，可以在"设置"栏中单击"自定义"选项，然后在"预览"区域，单击图表的边缘或使用按钮来添加或删除边框。

3.4 任务实施

有了以上知识为基础，我们就可以和小豹一起开始制作简历表了。

1．创建表格

根据简历样张，首先创建一张 22 行 5 列的表格。由于表格行数较多，我们采用菜单操作完成表格插入工作，具体操作方法如下。

① 新建一个空白 Word 文档，并将其保存到"我的文档"文件夹，命名为"小豹个人简历表.doc"。

② 选择"表格菜单→插入→表格"命令，打开"插入表格"对话框。设置表格为 5 列数和 22 行，如图 2-58 所示。

③ 单击"确定"按钮，完成表格的创建工作。

图 2-58　设置"插入表格"对话框的行列数

2．设计表格框架

创建好表格的总体框架后，就要具体地考虑表格细节的设计了。

① 选取"表格工具"栏，如图 2-59 所示。

图 2-59　"表格工具"栏

② 从样张中可以看到，我们需要应用大量的合并单元格操作。表格第 1、6、10、14-19、22 行均是 1 行 1 列的形式，需要跨列合并单元格，可通过如下方法实现。

a. 选择要合并的行。

b. 在"布局"→"合并"选项组中单击"合并单元格"按钮。

③ 照片所占据的位置比较大，需要跨行合并单元格，我们所做的设置如下。

a. 拖动鼠标，连续选取 2、3、4、5 行的最后一列。

b. 在"布局"→"合并"选项组中单击"合并单元格"按钮，合并这些单元格，预留出放置照片的位置。

④ 样张中"能力技能"部分的内容，是 1 行 2 列的形式，只需把 7 至 9 行中每一行除第一列以外的所有单元格合并即可。

⑤ 11、12、13 行是 1 行 3 列的形式，不仅需要合并单元格，还需要调整单元格的大小。操作步骤如下。

a.将 11、12、13 行最后 3 列进行合并单元格操作，得到 3 行 3 列的表格区域。

b.选中这 3 行，在"布局"→"单元格大小"选项组中单击"分布列"按钮田。

⑥ 表格第 20、21 行是 1 行 4 列形式，对于它们的操作步骤如下。

a.将 20、21 行最后两列进行合并单元格操作，得到 2 行 4 列的表格区域。

b.选中这两行，在"布局"→"单元格大小"选项组中单击"分布列"按钮田。

c.将鼠标拖动至这两行第 1 列和第 2 列之间的列边框，当鼠标变成水平双向箭头➕时，拖动列边框到合适的位置。

d.将鼠标拖动至这两行第 3 列和第 4 列之间的列边框，当鼠标变成水平双向箭头➕时，拖动列边框到合适的位置。

这一步操作完成后，整个表格的框架就已经搭建好了，如图 2-60 所示。

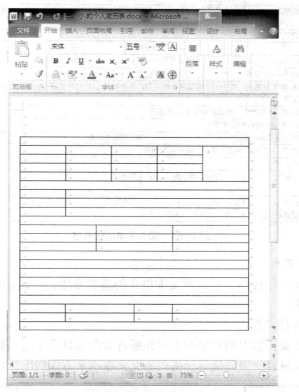

图 2-60　表格框架

3．输入表格文本

表格框架搭建好后，如果觉得这个框架太小了，可以在输入文本之后，再根据文本的大小来调整表格行高和列宽。输入文本后的表格如图 2-61 所示。

知识链接

在表格单元格内输入文本时，若文本超出单元格列宽，表格会自动增加单元格行高，并对文本进行自动换行处理。

个人信息				
姓名	小豹	性别	男	
学历	大专	毕业时间	2009 年 7 月	
专业	计算机应用	毕业学校	烟台工程职业技术学院	
外语水平	CET6	爱好	电脑、分析研究、足球、音乐	
能力、技能				
计算机水平	掌握 C 语言、JAVA 语言、ASP.NET 网络编程，网站设计方法，熟悉 SQL 数据库的操作，可以解决常见的大部分计算机软硬件故障问题，能独立操作并及时高效的完成日常办公文档的编辑工作，可以进行简单的电子制图。			
主修课程	C 语言、计算机维护、PS 图形处理、SQL 数据库、JAVA 语言编程、ASP.NET 网络编程（基于 C#语言）、数据结构（基于 C++语言）、VB.NET 编程、网络基本理论、CAXA 电子制图、DM 网页设计、计算机基础（Office 系列软件运用）			
奖励情况	曾获得学校三好学生、优秀班干部，参加全国 ITAT 职业技能比赛获得全国优秀奖			
学习及实践经历				
时 间		地区、学校或单位	经 历	
2003 年---2006 年		曲阜师范大学附中	高中学习	
2006 年---2009 年		烟台工程职业技术学院	大专学习	
2008 年 5 月期间，在斗山中国有限公司实习，并参与其公司 ERP 的部分前期数据采集和整理工作				
2008 年 11 月完成（枫澍）企业网站的建设				
2008 年组织班级网站的建设				
每年寒暑假期间都进行实践活动（大部分去网吧当临时网管）				
2007 年---2008 年组织同学校外电脑维护服务				
联系方式				
通讯地址	烟台归德北路 33 号	联系电话	15800000000	
E-mail	xiaobao@sina.com	固定电话	0535-72424064	
希望能在伟大的企业中，成长为伟大的人才。				

图 2-61　输入文本后的表格

4．排版表格内文本

在任务一中，我们已经学习过设置文本格式的基本方法，在此，我们将其与表格的排版功能相结合进行操作。

（1）设置单元格对齐方式

在样张中，很多单元格内的文字在水平和垂直方向都是居中的，其效果如图 2-62 所示。若采用段落对齐方式设置，只能使单元格内的文字在水平方向居中，如图 2-63 所示。

图 2-62　单元格内的文字水平和垂直方向均居中 　　　　　图 2-63　单元格内的文字仅水平方向均居中

使用表格的"单元格对齐方式"可实现单元格内的文字水平和垂直方向均居中。详细操作步骤如下。

① 单击表格移动控点，选中整个表格。

② 右击表格移动控点，在弹出式菜单中选择"单元格对齐方式"命令，如图2-64所示。

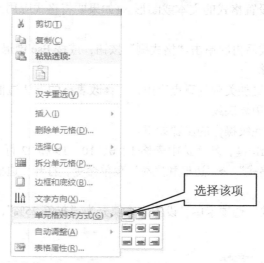

图 2-64　"单元格对齐方式"命令

简历表中的7、8、9行第二个单元格内容并不需要"水平居中"，只要分别将光标定位于单元格内，然后单击"格式"工具栏中的"两端对齐"按钮即可。

（2）设置单元格内文本格式

表格内文本的格式虽然种类比较多，但它们是有规律地分布的，我们采取先整体，后局部的思路对其进行设置。

① 单击表格移动控点，选中整个表格，设置表格内所有文本字体为"宋体"、字号为"小四"。

② 选取表格第1行文字"个人信息"，设置字体为"宋体"、字号为"四号"，字形为"加粗"。

③ 选取表格第1行文字"个人信息"，双击"开始工具栏"→"格式刷"选项，将格式复制到6、10和19行，按Esc键退出格式复制状态。

④ 选取表格第22行文字"希望能在伟大的企业中，成长为伟大的人才。"设置字体为"楷体_GB2312"、字号为"四号"，字形为"加粗"。

⑤ 选取表格第二行第一列文字"姓名"，设置字体为"宋体"、字号为"小四"，字形为"加粗"。

⑥ 选取表格第二行第一列文字"姓名"，双击"开始工具栏"→"格式刷"选项，将格式复制到所有与"姓名"同级的标题单元格中，按Esc键退出格式复制状态。

知识拓展

单击"开始"工具栏上的"格式刷"按钮，可以复制 Word 中选中对象的格式，然后通过拖动方式选中其他位置就可以快速应用该格式。

使用格式刷复制格式步骤如下。

① 选择具有要复制格式的文本或图形。(要将格式应用到多个文本或图形块，则双击"格式刷"按钮 ✍ 。)

② 在"开始"工具栏上，单击"格式刷"按钮 ✍，鼠标指针会变为一个画笔图标。

③ 选中要设置格式的文本或图形。(如果要将格式应用到多个文本或图形块，则依次选择它们。)

④ 复制完成后再次单击"格式刷"按钮，或按 Esc 键退出格式复制状态。

5．修饰表格

为了让表格更加美观且重点突出，可修改表格的默认边框，并为部分单元格增加底纹。

（1）设置简历表底纹

设置简历表底纹操作的步骤如下。

① 按下<Ctrl>键，然后选中表格 1、6、10、19 和 22 行。

② 选择"格式"→"边框和底纹"菜单命令，打开"边框和底纹"对话框，选择"底纹"选项卡。

③ 在"底纹"选项卡中，设置底纹填充为"灰色-25%"，底纹图案样式为"清除"，如图 2-65 所示。

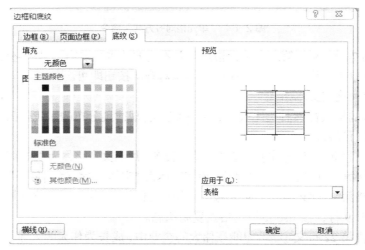

图 2-65 "边框和底纹"对话框的"底纹"选项卡

（2）设置简历表边框

表格的边框设置，可以使用"边框和底纹"对话框完成。

知识链接

我们可以设置无边框的表格，表 2-4 中的表格不包含边框。这种表格具有称为网格线的元素，通过这种元素，可以看到表格的结构，但它们不会打印出来。显示表格的结构可以节约时间，并便于对表格进行编辑和设置格式。如果看不到表格上的网格线，请单击"表格"工具栏上的"查看网格线"按钮。

表 2-4　无边框的表格

设置简历表外边框的步骤如下。

① 单击"表格"工具栏中的"绘制表格"按钮，

② 在"线型"下拉列表中选择"细-粗窄间隔" 。

③ 拖动鼠标，重新绘制简历表外边框。

设置简历表部分内边框的步骤如下。

① 单击"表格"工具栏中的"绘制表格"按钮，

② 在"线型"下拉列表中选择"三重实线" 。

③ 拖动鼠标，重新绘制表格第 2 行和第 22 行的顶端边框，6、10、19 行的顶端和底端边框。

6．插入照片

每个单元格都可以看作是单独的编辑区，在其中插入文本、图片和其他的 Word 对象，操作方法与在正文编辑区是一样的。

因此，在表格中插入小豹照片的方法如下。

① 单击需放入照片的单元格，定位插入点。

② 选择"插入"→"图片"菜单命令，打开"插入图片"对话框。

③ 选择自己的照片，单击"插入"按钮。

7．设置表格标题

拖动表格移动控点，将表格拖动至文档编辑区下方，再在表格前面输入标题文本"个人简历"，并编辑其格式为字体"宋体"、字号"小初"、字形"加粗"、段前段后间距 1 行。

至此，小豹的简历制作完成了。

任务 4　数学试卷的排版

学习目标

- 掌握"页面设置"对话框的功能
- 熟练掌握页眉页脚的设置
- 熟练掌握公式编辑器的使用方法
- 熟练掌握页码的设置方法
- 熟练掌握分栏的设置方法
- 了解项目符号与编号的概念及设置方法
- 巩固以前所学的 Word 排版知识

4.1　任务描述

老师要小豹帮忙用 Word 2010 完成一份数学试卷的编辑和排版工作，样卷效果如图 2-66 所示。

07 级函授本科某大学第二学期期末试题

级部及专业：___A___　考试科目：___线性代数___　考试时间__90__(分钟)

题号	一	二	三	四	五	总分
得分						

一、判断题(正确填　√，错误填×。每小题 2 分，共 10 分)

1. $A-B=(A-B)(A+B)$ 　　　　　( )

2. 　A、B 是三角矩阵，则 $A+B$ 也是三角矩阵 ( )

3. 若方程组 $Ax=0$ 中方程的个数少于未知量的个数，则 $Ax=0$ 必有非零解。( )

4. 若 $\alpha_1,\alpha_2,\cdots,\alpha_s$ 线性无关，则 α_s 一定不可由 $\alpha_1,\alpha_2,\cdots,\alpha_{s}$ 线性表示。( )

5. 设矩阵 A、B 是有相同的特征多项式，则 A 与 B 相似。( )

二、选择题(每小题 3 分，共 15 分)

1. 线性方程组 $\begin{cases} ax-by=1 \\ bx+ay=0 \end{cases}$，若 $a\neq b$，则方程组 ( )

(A) 无解 (B)有唯一解 (C)有无穷多个解 (D)需要讨论多种情况

2. 设 A,B 为 n 阶方阵，且 $AB=O$，则 ( )

(A) $A=O$ 或 $B=O$ (B) $|B|=0$ 或 $|A|=0$ (C) $A+B=O$ (D) $|A|+|B|=0$

3. 有向量组 $\alpha_1=(1,0,0),\alpha_2=(0,0,1)$，则 ( )时，$\beta$ 是 α_1,α_2 的线性组合

(A) $(2,0,0)$　　(B) $(-3,0,4)$　　(C) $(1,1,0)$　　(D) $(0,-1,0)$

4. 对任意 n 阶方阵 A，B，下列结论成立的是 ( )

A 若 A，B 可逆，则 $A+B$ 可逆． B 若 A，B 可逆，则 AB 可逆．

C．若 $A+B$ 可逆，则 $A-B$ 可逆． D 若 $A+B$ 可逆，则 A，B 可逆

5. 设矩阵为 $A=\begin{pmatrix} 1 & 1 & 0 \\ 0 & 0 & 1 \\ 0 & 1 & 1 \end{pmatrix}$，则 A 的特征值是 ( )

(A) 1，0，1　(B) 1，1，2　(C) -1，1，2　(D) 1，-1，1

三、填空题(每小 65 题 3 分，共 15 分)

1. 设矩阵 $A=(1，2，3，)$ 则 $AA^-=$_____

2. 设 A 是三阶方阵且 $|A|=3$，$\left|\frac{1}{2}A\right|=$_____

3. 已知 $\begin{vmatrix} x & y & z \\ 3 & 0 & 2 \\ 1 & 1 & 1 \end{vmatrix}=1$，$\begin{vmatrix} x & y & z \\ 3x+3 & 3y & 3z+2 \\ x+2 & y+2 & z+2 \end{vmatrix}=$_____。

4. 向量组 $\alpha_1=(1,2,3,4),\alpha_2=(2,3,4,5),\alpha_3=(3,4,5,6),\alpha_4=(4,5,6,7)$ 则该 向量组的秩__

5. 已知矩阵 $\begin{pmatrix} 2 & 2 & 4 \\ 2 & 1 & 2 \\ 2 & 2 & 1 \end{pmatrix}$ 与矩阵 $\begin{pmatrix} 1 & 0 & 0 \\ 0 & -1 & 0 \\ 0 & 0 & a \end{pmatrix}$ 相似，则 $a=$_____。

四、计算题(每小题 10 分，共 50 分)

1. 已知 $A=\begin{pmatrix} 1 & 0 \\ 0 & -1 \end{pmatrix}$　$B=\begin{pmatrix} 0 & 1 \\ -1 & 0 \end{pmatrix}$ 试求 (AB)

图 2-66　数学试卷样图

4.2　任务分析

　　试卷的排版相对以前 3 个任务，比较特殊。首先试卷的纸张比常用的 A4 纸大。其次，由于数学题的特性，必然会用到大量的数学公式。第三，试卷应用到的各种 Word 对象比较多，除了公式外，还有表格、图片、页眉和页脚等。

4.3　相关知识

4.3.1　试卷排版中常见的概念

1．页眉和页脚

　　页眉和页脚是指出现在文档顶端和底端的小标识符，位于页面上边距和下边距中的区域。它们提供关于文档的快速信息，并且帮助区分文档的不同部分。页眉和页脚可以包括：页码、标题、作者姓名、章节编号，以及日期。例如，本任务中页眉部分如图 2-67 所示。

某大学试卷

图 2-67　数学试卷页眉

知识链接

　　可以为奇偶页创建不同的页眉或页脚。

① 在"插入"→"页眉页脚"选项组中单击"页眉"下拉按钮，在下来菜单中选择一种页眉样式。

② 在"页眉和页脚"→"选项"选项组中，选中"奇偶页不同"复选框。

③ 如果必要，单击"导航"选项组中的"上一节"或"下一节"按钮，以移动到奇数页或偶数页的页眉或页脚区域。

④ 在"奇数页页眉"或"奇数页页脚"区域为奇数页创建页眉和页脚；在"偶数页页眉"或"偶数页页脚"区域为偶数页创建页眉和页脚。

2．"页眉和页脚"工具栏

"页眉和页脚"工具栏是一种特殊的工具栏：它仅在使用页眉和页脚时才会打开，并且它不出现在"工具栏"子菜单上。必须关闭该工具栏才能切换回主文档。

3．分栏

分栏就是将一段文本分成并排的几栏，使用了分栏排版的文本在同一页面上从一栏排至下一栏。图 2-68 即是采用带分隔线的分栏排版效果。

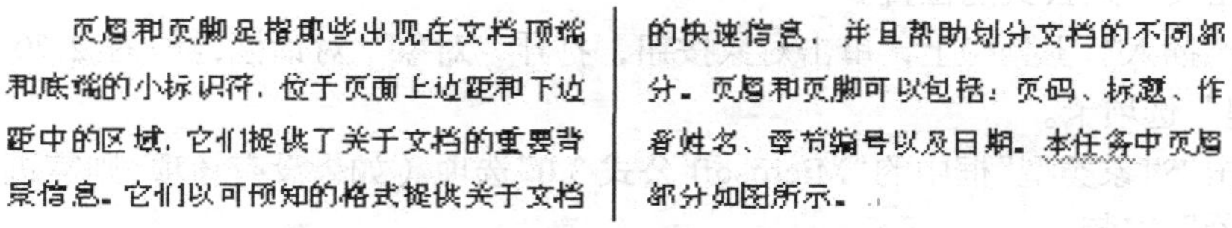

页眉和页脚是指那些出现在文档顶端和底端的小标识符，位于页面上边距和下边距中的区域，它们提供了关于文档的重要背景信息。它们以可预知的格式提供关于文档的快速信息，并且帮助划分文档的不同部分。页眉和页脚可以包括：页码、标题、作者姓名、章节编号以及日期。本任务中页眉部分如图所示。

图 2-68　带分隔线的分栏排版效果图

4．公式编辑器

"公式编辑器"是 Office 的一个内置程序，它可以对数学方程式进行可视化编辑。"公式编辑器"具有自动智能改变公式的字体和格式功能，适合各种复杂的公式，支持多种字体；它所提供公式符号和模板，涵盖数学、物理、化学等科学领域。

知识链接

"公式编辑器"不是 Office 默认安装的组件，如果要使用它，需采用"添加或删除功能"方式重新安装 Office，在"Office 工具"中选择"公式编辑器"选项，从选项中选择"从本机运行"，继续进行安装就可以将"公式编辑器"安装成功了。

5．项目符号与编号

项目符号是放在文本（如列表中的项目）前以添加强调效果的符号，而项目编号则是数字。

4.3.2　试卷排版中的基本操作

1．插入页码

如果只需要页码，而不需要其他页眉或页脚信息，则可以使用"插入"→"页眉和页脚"选项组，单击"页码"下拉按钮，在下拉菜单中选择"设置页码格式"命令。打开"页码格式"对话框，单击"编号格式"列表框右侧的下拉按钮，在下拉菜单中选择一种页码格式，如图 2-69 所示。

图 2-69 "页码格式"对话框

2．插入公式

采用菜单方式插入数学公式的步骤如下。

① 单击要插入公式的位置。

② 在"插入"工具栏上，单击对象按钮，打开"对象"对话框，如图 2-70 所示，然后单击"新建"选项卡。

③ 单击"对象类型"框中的"Microsoft 公式 3.0"选项。（如果没有该项，则需进行 Microsoft "公式编辑器"安装。）

④ 单击"确定"按钮。

⑤ 从"公式"工具栏上选择符号，键入变量和数字，以创建公式。

⑥ 单击文档其他部分，返回文档窗口。

图 2-70 "对象"对话框

3．编辑公式

① 双击要编辑的公式。

② 使用"公式"工具栏上的选项编辑公式。在"公式"工具栏的上面一行，可以在 150 多个数学符号中进行选择。在下面一行，可以在众多的样板或框架（包含分式、积分和求和符号等）中进行选择。

③ 单击文档的其他部分，返回文档窗口。

4．页面设置

在"页面布局"→"页面设置"选项组中单击 按钮，可以打开"页面设置"对话框。在该对话框中可以设置、修改 Word 文档输出的整体页面效果。

（1）设置页边距与页面方向

① 在"页面布局"→"页面设置"选项组中单击 按钮，出现"页面设置"对话框（见图 2-71），选中"页边距"选项卡，如图 2-71 所示。

② 在"上"、"下"、"左"、"右"框中输入或选择所需的页边距值。

③ 单击"纵向"或者"横向"按钮设置页面方向。

④ 设置完成，单击"确定"按钮。

（2）设置纸张大小

① 在"页面布局"→"页面设置"选项组中单击 按钮，出现"页面设置"对话框，选中"纸张"选项卡，如图 2-72 所示。

② 在"纸张大小"下拉列表框中选择用于打印输出的纸张大小。

③ 在"应用于"下拉列表框中选择该设置作用的范围。

④ 设置完成，单击"确定"按钮。

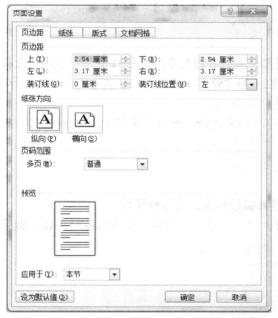

图 2-71 "页面设置"对话框中的"页边距"选项卡

图 2-72 "页面设置"对话框中的"纸张"选项卡

5．设置分栏

分栏排版必须在页面视图中才能看到效果。

（1）创建分栏

① 选定要进行分栏的文本。

② 在"页面设置"选项组中，单击"分栏"下拉按钮，在其下拉列表中选择"更多分栏"命令，打开"分栏"对话框，如图 2-73 所示。

③ 在该对话框的"栏数"框中输入所需的分栏数，或者直接从"预设"选项组中单击选定一种预设的分栏样式。

④ 单击"确定"按钮，完成分栏设置。

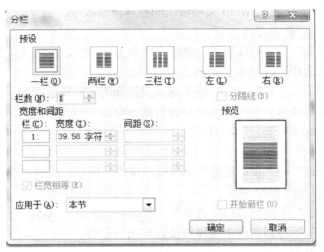

图 2-73 "分栏"对话框

知识链接

在"分栏"对话框中可以设置栏宽、间距和分隔线等较复杂的分栏效果，当不需要这些特殊的分栏效果时，可以使用在"常用"工具栏上的"分栏"按钮▦，快速地完成分栏操作。

（2）修改及取消分栏

若要修改已有的分栏，可先选定该分栏文字，然后选择"格式"菜单中的"分栏"命令，再进行修改。

6．项目符号与编号

（1）输入时自动创建项目符号或编号

Word 可以在键入的同时自动创建项目符号和编号列表，操作步骤如下。

① 键入"1)"，开始一个编号列表，或键入"*"（星号）开始一个项目符号列表，然后按空格键键。

② 键入所需的文本。

③ 按 Enter 键添加下一个列表项。

④ Word 会自动插入下一个编号或项目符号。

若要结束列表，按 Enter 两次，或通过按 Backspace 键删除列表中的最后一个编号或项目符号，来结束该列表。

（2）为原有文本添加项目符号或编号

使用"项目符号"和"编号"命令，可以在文本的原有行前添加项目符号和编号。

① 选定要添加项目符号或编号的项目。

② 右击鼠标，在弹出的菜单中选择"项目符号"或"编号"命令。

③ 打开的"项目符号"命令，如图 2-74 所示，可以选择相应符号。

图 2-74　项目符号

4.4　任务实施

学习以上知识后，我们跟着小豹一起开始制作数学试卷。

1．页面设置

根据试卷的要求，在"页面布局"→"页面设置"选项组中单击 按钮，打开"页面设置"对话框，选择"页边距"选项卡，设置"方向"为"横向"；选择"纸张"选项卡，设置"纸张大小"为"A3"，如图 2-75 所示。

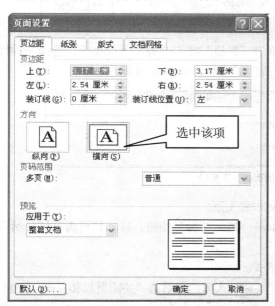

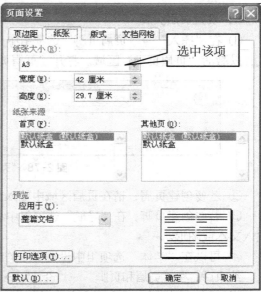

图 2-75　试卷页面设置图

2．分栏

数学试卷的分栏效果要求比较简单，可以直接使用"常用"工具栏上的"分栏"按钮▥来完成此操作。具体的操作非常简单：单击"分栏"按钮，拖动鼠标选择所需的栏数为"2栏"，再次单击鼠标即可，如图2-76所示。

图 2-76 使用"分栏"按钮设置栏数为"2栏"

执行此分栏操作时，并没有输入文本，而是直接对整篇文档进行分栏设置，因此，我们之前并没有选取相应文本，而是将光标直接定位在首行即可。执行此分栏操作后，由于没有文本，所以在编辑区观察不到分栏效果，但是在 Word 窗体水平标尺上可以看到分栏标记，如图2-77所示。

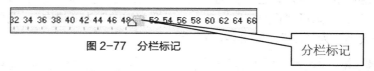

图 2-77 分栏标记

3．设置页眉页脚

① 在"插入"→"页眉页脚"选项组中单击"页眉"或"页脚"下拉按钮，选择一种样式，以激活"页眉页脚"区域。打开"页眉页脚"工具栏，如图2-78所示。

图 2-78 "页眉页脚"工具栏

② 若要创建页眉，请在页眉区域中输入文本和图形。

③ 若要创建页脚，在"导航"选项组中单击"转至页脚"按钮，移动到页脚区域，然后输入文本或图形。

④ 可以在"字体"选项组中设置文本的格式。

结束后，在"页眉和页脚"→"设计"→"关闭"选项组中单击"关闭页眉和页脚"按钮。

页眉区文本排版方式和正文文本是一样的，默认情况下它的对齐方式为"居中"。在页眉区输入文字"某大学试卷"，并在其后插入了该大学的校徽图片。

编辑好页眉后，接着就要编辑页脚区了。使用"页眉和页脚"工具栏中的"在页眉和页脚间切换"按钮。

设计的页脚是居中显示"第<X>页，共<Y>页"的效果，如果直接输入"第 1 页，共 3 页"，那么每一页页脚都会相同，即使是在第二张试卷上也会显示"第 1 页，共 3 页"。怎么办呢？这时候，就需要利用上"页眉和页脚"工具栏中，另外两个按钮"插入页数"按钮⚏与"插入页码"按钮⚎。制作页脚的具体步骤如下。

① 在页脚区输入文字"第页，共页"。

② 将光标定位到文字"第"后，单击"页眉和页脚"工具栏中的"插入页码"按钮。

③ 将光标定位到文字"共"后，单击"页眉和页脚"工具栏中的"插入页数"按钮。

④ 选中页脚区所有文本，单击"格式"工具栏中的"居中"按钮。

按照以上步骤制作的页码与页数能够根据试卷的页面数自动地填写出正确的值。

知识拓展

利用"页面设置"对话框的"版式"选项卡，可以为奇偶页设置不同的页眉和页脚。如图 2-79 所示，设置选中"奇偶页不同"后，则页眉区会显示为"奇数页页眉"和"偶数页页眉"，可以分别进行编辑，页脚区的设置也是同样的。

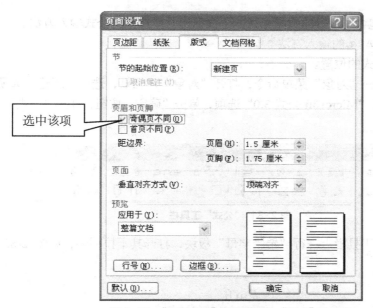

图 2-79　"页面设置"对话框中的"版式"选项卡

4．输入文本

对于大部分普通文本直接从键盘输入就完成了，可是在输入试卷第一大题题目时，发现两个在键盘上没有的字符"√"和"×"。

在 Word 中，称键盘上没有的、但是在屏幕上和打印时都可以显示的文本为"符号和特殊符号"，可以通过"插入"菜单的"符号"或"特殊符号"命令来完成它们的输入工作。

① 插入点移到要插入"√"或"×"字符的位置。

② 在"插入"→"符号"选项组中单击"符号"按钮，弹出"符号"对话框，再选择"符

号"选项卡，如图 2-80 所示。

③ 单击"√"或"×"按钮。

④ 单击"确定"按钮，完成"√"或"×"的输入工作。

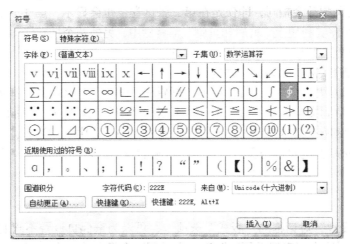

图 2-80 "插入特殊符号"对话框中的"数学符号"选项卡

5．输入公式

这份数学试卷中包含了大量的数学公式，下面列出几个典型的公式输入方法。

（1）公式 $\alpha_1, \alpha_2, \alpha_3, \Lambda, \alpha_s$ 的输入方法

① 单击要插入公式的位置。

② 选择"插入"→"对象"菜单命令，打开"对象"对话框，选中"新建"选项卡。单击"对象类型"框中的"Microsoft 公式 3.0"选项，单击"确定"按钮，打开"公式"工具栏，如图 2-81 所示。

图 2-81 "公式"工具栏

③ 单击"公式"工具栏上一行"希腊字母"板块，打开其下拉列表，如图 2-82 所示，单击字符"α"。

图 2-82 "公式"工具栏"希腊字母"板块

④ 单击"公式"工具栏下一行"下标和上标模板"板块，打开其下拉列表，如图 2-83 所示，单击第一行第二列的下标样式。

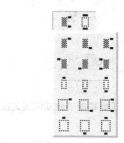

图 2-83 "公式"工具栏"下标和上标模板"

⑤ 用键盘输入逗号"，"，至此，完成了公式"α_1,"部分的输入工作。

知识链接

在编辑公式时，从光标的大小可以看出字符输入的位置。在本例中，输完下标"1"后，光标会比较短小，这是因为插入点还处于下标位置，如果这时直接输入逗号"，"，逗号就会很小，因为它是下标位置上的逗号。应当在输入逗号前，按一下键盘的右方向键"→"，当光标变为正常大小时再输入逗号。

⑥ 其他，的数学符号均可以依照以上的步骤完成，其中省略号"…"可以在"公式"工具栏上一行"间距和省略号"板块中找到。

（2）公式$\left|\left(\frac{1}{2}a^x\right)\right|$的输入方法

① 单击要插入公式的位置。

② 选择"插入"→"对象"菜单命令，打开"对象"对话框，选中"新建"选项卡。单击"对象类型"框中的"Microsoft 公式 3.0"选项，单击"确定"按钮，打开"公式"工具栏。

③ 单击"公式"工具栏下一行的"围栏模板"板块，打开其下拉列表，如图 2-84 所示，单击第二行第一列的下标样式。

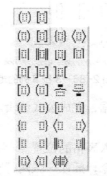

图 2-84 "公式"工具栏的"围栏模板"

④ 在光标处从键盘输入"("。

⑤ 单击"公式"工具栏下一行的"分式和根式模板"板块，打开其下拉列表，如图 2-85 所示，单击第二行第一列的下标样式。

图 2-85 "公式"工具栏的"分式和根式模板"板块

⑥ 在相应的位置上，从键盘输入数字"1"和"2"，完成分式"$\frac{1}{2}$"的输入。

⑦ 利用"下标和上标模板"完成"A^2"的输入。

⑧ 输入")"，至此，整个公式输入结束。单击 Word 文档空白处结束该公式的输入。

每次插入完一个公式，都要重新启动"公式编辑器"，是一项麻烦的工作。我们可以在工具栏上给"公式编辑器"安个家——建立"公式编辑器"按钮，操作方法如下。

选择菜单"工具→自定义"命令，在"自定义"对话框中的"命令"选项卡中选中"类别"下的"插入"选项，然后在"命令"下找到"公式编辑器"，按下左键，将它拖动到工具栏上放下即可。以后只要在工具栏上单击按钮就可以启动"公式编辑器"了。

（3）公式 $A=\begin{pmatrix}1&1&-1\\2&1&0\\1&-1&0\end{pmatrix}$ 的输入方法

① 单击工具栏"公式编辑器"按钮，打开"公式"工具栏。

② 从键盘输入字符"$A=$"。

③ 单击"公式"工具栏下一行"围栏模板"板块，打开其下拉列表，单击第一行第一列的下标样式。

④ 单击"公式"工具栏下一行"矩阵模板"板块，打开其下拉列表，单击第二行第三列的下标样式，生成 3 行 3 列的矩阵样式，如图 2-86 所示。

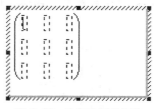

图 2-86　3 行 3 列的矩阵

⑤ 分别在虚框中输入相应的数据，完成公式编辑。

6．插入表格

① 将光标定位于试卷开头需插入表格的位置。

② 选取"插入"→"表格"命令，插入一张两行七列的表格。

③ 拖动表格缩放控点，调整表格至合适的大小。

④ 输入文本，并设置单元格对齐方式为垂直水平都居中。

7．设置文本格式

① 按下<Ctrl+A>键，选取整个试卷，设置文本格式为：宋体、小四、段间距为 1.5 倍行距。

② 选中试卷标题，设置其格式为：宋体、三号、加粗、居中、段前间距 1 行，段后间距 1.5 行。

③ 选中试卷副标题，设置其格式为：宋体、小四、加粗、居中、段前间距 1 行，段后间距 1.5 行。

④ 选中试卷副标题中的文本 "A"、"线性代数" 和 "90"，为它们添加 "下划线" 效果。

⑤ 选中试卷第一大题题目，设置其格式为：四号、加粗、段前间距 0.5 行，段后间距 0.5 行。

⑥ 使用 "格式刷" 工具，将第一大题题目格式复制到其他的大题题目。

⑦ 多次使用回车键，为四、五大题预留答题处。

至此，试卷的编辑排版工作全部完成。

任务 5　制作一组准考证

学习目标

● 了解邮件合并中数据源的概念　　　　● 理解邮件合并的功能

● 熟练掌握邮件合并的基本操作

5.1　任务描述

为了提高同学们对英语的学习兴趣，系团委要举行一次英语竞赛，要求每个一年级新同学都参加。作为学生会成员，小豹为比赛前期的组织服务工作忙得不亦乐乎。这不，老师将参加竞赛的名单(一个 Excel 格式的电子文档)给小豹，下达了一个新任务：制作准考证。准考证的样张如图 2-87 所示，系里将有 130 多位同学参加这次考试，要为每个同学都制作一份准考证，仅用 Word 的复制、粘贴功能，工作量可不小。小豹听说 Word 提供了 "邮件合并" 功能，可以大大地减少这类工作的时间，他决定试一试。

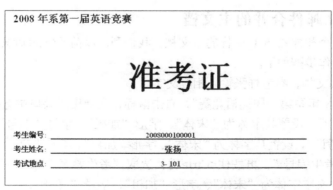

图 2-87　英语竞赛准考证的样张

5.2　任务分析

在日常生活和工作中，常会看见一组标签或信封：所有标签或信封上的寄信人地址均相同，但每个标签或信封上的收信人地址各不相同；一组编号赠券：除了每个赠券上包含的唯一编号外，这些赠券的内容完全相同……单独创建信函、邮件、传真、标签、信封或赠券将会非常耗时，这就是 Word 引入邮件合并功能的目的。使用邮件合并功能，只需创建一个文档，并在其中包含每个版本都有的信息。然后只需为每个版本所特有的信息添加一些占位符，其余工作就可以由 Word 来处理了。

5.3　相关知识

5.3.1　邮件合并功能中的常见概念

"邮件合并"要建立两个文档，一个是主文档，用来存入对所有文件都相同的内容；另一个是数据源文档，用来存放变动的内容。

1．数据文件

它用于存放可变数据，如会议通知的单位和姓名。

知识拓展

可在邮件合并中使用任何类型的数据源，包括 Microsoft Outlook 联系人列表、Microsoft Office 地址列表、Microsoft Excel 工作表，Microsoft Access 数据库等。

对于 Excel，可以从工作簿内的任意工作表或命名区域选择数据；对于 Access，可以从在数据库中定义的任意表或查询选择数据。

2．主控文档

它包含两部分内容，一部分是固定不变的，另一部分是可变的，用"域名"表示。

5.4　任务实施

现在跟小豹一起，开始工作吧！

5.4.1　建立邮件合并的主文档

首先，需要一个和样图 5-1 一样的主文档。我们利用以前所学的知识，可以很容易地建立主文档，具体操作步骤如下。

① 新建 Word 文档，参考样张输入相应文字。

② 选中"2008 年系第一届英语竞赛"，右击鼠标，在弹出式菜单中选择"字体"命令，打开"字体"对话框。设置其字体为"宋体"、字形"加粗"、字号"二号"。

③ 选中"准考证"，设置其字体为"宋体"、字形"加粗"、字号"72 磅"，具体操作同 ②。

④ 先选中"考生编号:"，再按住<Ctrl>键，选取"考生姓名:"和"考试地点:"，然后操作同 ②，设置选中文字字体为"宋体"、字形"加粗"、字号"三号"。

⑤ 选择"插入"→"形状"命令，选取"直线"工具，在文字"考生编号:"后画一条水平直线。

⑥ 复制 ⑤ 中的水平直线两遍，然后用<Ctrl+方向键>将它们分别放置到合适的位置。

⑦ 单击"常用"工具栏中的"保存"按钮，以"英语竞赛准考证"为名，保存文档。

5.4.2 实施邮件合并过程

数据源文件"考生名单日表"是老师直接提供的，所以建立主文档后，我们就可以直接开始邮件合并过程，请执行下列操作。

① 打开主文档"英语竞赛准考证"。

② 选择"邮件→开始邮件合并"命令，然后单击"邮件合并分步向导…"选项。如图 2-88 所示，将在 Word 文档右侧打开"邮件合并"任务窗格，使用该任务窗格中的超链接，在邮件合并过程中进行导航。

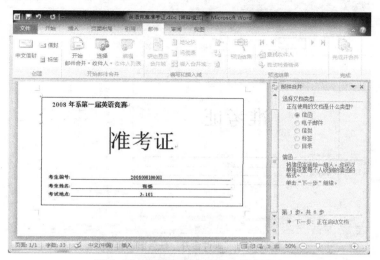

图 2-88 "邮件合并"任务窗格步骤 1

邮件合并过程的第一个步骤需要选择信息合并的目标文档类型。选择"信函"之后，单击任务窗格底部的"下一步"按钮。

③ 选择主文档。

邮件合并过程的第二个步骤是选择要使用的主文档，在此，我们选取"使用当前文档"，如图 2-89 所示，然后单击"下一步"按钮。

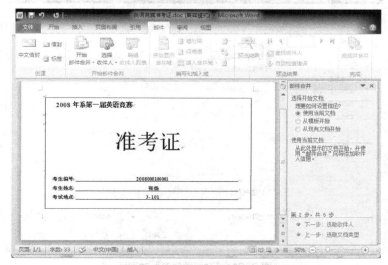

图 2-89 "邮件合并"任务窗格步骤 2

知识链接

我们还可以新建空白文档，直接开始邮件合并的工作，或者单击"从模板开始"或"从现有文档开始"按钮，然后定位到要使用的模板或文档。

④ 连接数据源。

连接到数据文件，是邮件合并过程的第三个步骤，如图 2-90 所示。

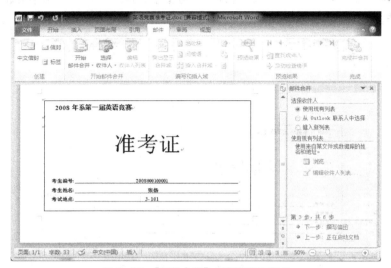

图 2-90 "邮件合并"任务窗格步骤 3

连接到数据文件的操作过程如下所述。

a. 选择数据文件。在"选择收件人"处，选中"使用现有列表"选项，然后单击"浏览…"按钮，打开"选取数据源"对话框，如图 2-91 所示，选中 Excel 文档"考生名单表.xls"，然后单击"打开"按钮。

图 2-91 "选取数据源"对话框

知识拓展

如果没有数据文件，可以单击"新建源"按钮，然后使用打开的窗体创建列表。该列表将被保存为可以重复使用的邮件数据库(.mdb)文件。

b. 在数据文件中选择要使用的工作表和记录。在"选择表格"对话框中，选取第一项"Sheet1$"（Excel 工作表 Sheet1），如图 2-92 所示，单击"确定"按钮。

图 2-92 "选择表格"对话框

c. 在数据文件中选择要使用的记录，如图 2-93 所示，单击"全选"按钮，选取所有学生名单后，单击"确定"按钮。

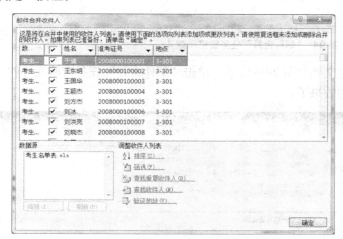

图 2-93 "邮件合并收件人"对话框

知识拓展

在某些情况下，连接到某一特定数据文件并不表示必须将该数据文件中所有记录（行）信息合并到主文档，我们可以通过"邮件合并收件人"对话框只选取需要的记录。通过对列表进行排序或筛选可以为邮件合并选择记录子集，具体过程，可执行下列操作之一。

● 若要按升序或降序排列某列中的记录，则单击列标题。
● 若要筛选列表，则单击包含要筛选值的列标题旁的箭头。然后单击所需的值。或者，如果列表很长，可以单击"(高级)"按钮打开一个对话框来设置值。单击"(空白)"按钮可以只显示不含信息的记录，单击"(非空白)"按钮可以只显示包含信息的记录。
d. 单击"邮件合并"任务窗格底部的"下一步"按钮。

⑤ 添加域。

选择所需记录之后，就可以开始添加域，这是邮件合并过程的第 4 个步骤，如图 2-94 所示。域是插入主文档中的占位符，在其上可显示唯一信息。单击任务窗格中的"其他项目"选项，可以添加与数据文件中任意列相匹配的域。在此，我们将"插入合并域"对话框中列出的"准考证号"、"姓名"和"地点" 3 项（见图 2-95），分别插入到主文档恰当的位置。

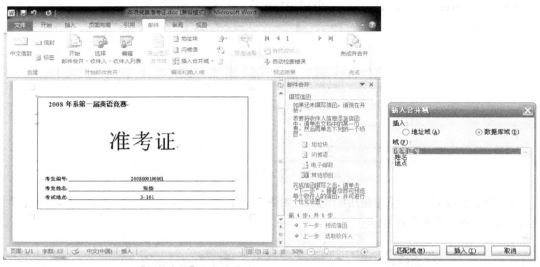

图 2-94　"邮件合并"任务窗格步骤 4　　　　　　　　图 2-95　"插入合并域"对话框

添加域后，主文档如图 2-96 所示。单击"邮件合并"任务窗格底部的"下一步"按钮就可以预览合并后的效果了。

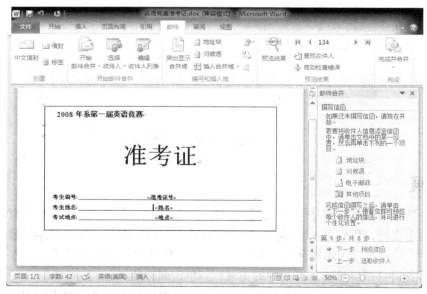

图 2-96　添加域后主文档效果图

⑥ 预览合并效果。

图 2-97 为预览窗口，我们使用任务窗格中的"下一页"和"上一页"按钮来浏览每一个合并文档，如果对合并结果感到满意，则单击任务窗格底部的"下一步"按钮。

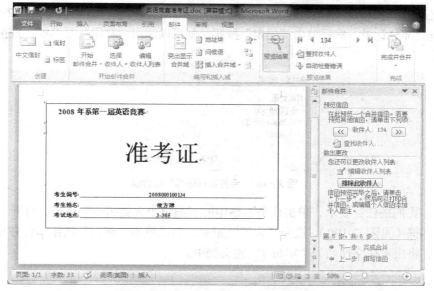

图 2-97 "邮件合并"任务窗格步骤 5

知识链接

通过单击"查找收件人"按钮来预览特定的文档。

如果不希望包含正在查看的记录，则单击"排除此收件人"按钮。

单击"编辑收件人列表"按钮可以打开"邮件合并收件人"对话框，如果看到不需要包含的记录，则可在此处对列表进行筛选。

如果需要进行其他更改，则单击任务窗格底部的"上一步"按钮后退一步或两步。

⑦　完成合并。

完成合并时，我们有两种选择（见图 2-98）：合并到打印机和合并到新文档。

图 2-98 "邮件合并"任务窗格步骤 6

单击任务窗格中"打印…"选项，可以打开"合并到打印机"对话框（见图 2-99），选择"全部"或者部分记录，然后单击"确定"按钮，就可以调出"打印"对话框，直接打印准考证了。

图 2-99 "合并到打印机"对话框

在此，我们按任务要求，单击任务窗格中的"编辑个人信函…"选项，打开"合并到新文档"对话框（见图 2-100）。选择"全部"记录，然后单击"确定"按钮。合并生成的 135 份准考证，将出现在文件名为"字母 1"的文档中。

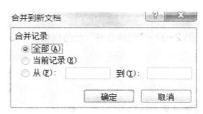

图 2-100 "合并到新文档"对话框

⑧ 保存文档。

保存的合并文档与主文档是分开的。为了将主文档用于其他的邮件合并，我们单独保存了主文档。

知识链接

保存主文档时，除了保存内容和域之外，还将保存与数据文件的连接。下次打开主文档时，将提示我们选择是否要将数据文件中的信息再次合并到主文档中。

如果单击"是"按钮，则在打开的文档中将包含合并的第一条记录中的信息。如果打开任务窗格（执行"工具"菜单→"信函与邮件"子菜单→"邮件合并"命令），我们将处于"选择收件人"步骤中。可以单击任务窗格中的超链接来修改数据文件以包含不同的记录集或连接到不同的数据文件。然后单击任务窗格底部的"下一步"按钮继续进行合并。

如果单击"否"按钮，则将断开主文档和数据文件之间的连接。主文档将变成标准 Word 文档。

这么快就完成了 130 多张准考证的制作，老师大为赞赏小豹的工作效率，小豹则在一旁偷着乐。

任务 1　建立 Excel 工作表

学习目标

- 熟悉 Excel 2010 的窗口组成
- 掌握工作簿的创建
- 掌握单元格的基本操作
- 了解自动套用格式的基本操作

- 了解自定义工具栏的操作
- 掌握数据的录入和编辑
- 掌握序列及自动填充的使用
- 掌握文件存储的相关操作

1.1　任务描述

　　朝阳集团将参加实习人员的资料用 Excel 2010 进行汇总，以 Excel 工作簿文件的形式存储，打印成表，高效快速地完成了人员资料的汇总工作，如图 3-1 所示。

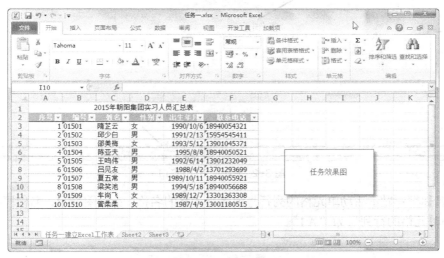

图 3-1　任务效果图

1.2　任务分析

在日常工作生活中，人们经常会利用各种各样的表格对数据进行处理。以前人们都是用手工制作表格，不仅效率低，而且修改统计和查询等也很不方便。Excel 具有强大的表格制作、数据计算、数据分析、创建图表等功能，广泛应用于财务统计、行政管理、办公自动化以及家庭生活等领域。本任务将通过制作"2015 年度朝阳集团实习人员汇总表"介绍 Excel 2010 操作界面，通过录入相关人员资料掌握数据输入的有关内容，即工作表的创建、数据输入和编辑保存等操作。

通过对本任务的学习，初学者可以快速上手，使用 Excel 2010 编辑简洁美观的表格。

1.3　相关知识

1.3.1　Excel 2010 工作环境介绍

Excel 2010 与 Word 2010 同属于 Office 中的一员，两者工作环境大致相同，下面主要介绍 Excel 2010 中不同的部分，如图 3-2 所示。

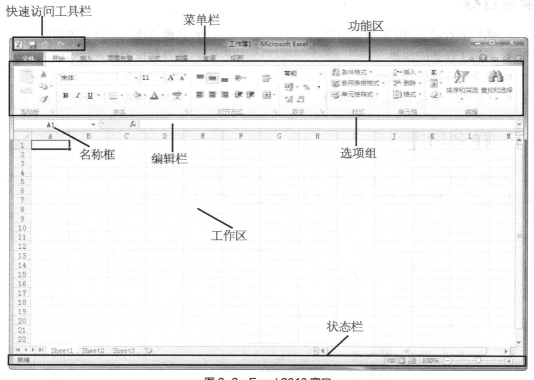

图 3-2　Excel 2010 窗口

① 名称框：显示活动单元格的列行号或者单元格的名称，如上图所示，名称框中显示的正是活动单元格的行列号为"A1"。

② 编辑栏：编辑栏是用来显示目前活动单元格的内容，使用者除了可以直接在单元格内修改数据外，还可以在编辑栏中修改数据。

③ 全选按钮：单击此按钮，可以选取工作表内所有的单元格。

④ 活动单元格：活动单元格就是指正在使用的单元格，在其外有一个黑色的方框。

⑤ 任务窗格：当第一次开启 Excel 时，在窗口的右方会显示一个新建工作簿的任务窗格，任务窗格内提供一些常用的操作功能。

⑥ 工作表索引标签：每一个工作表标签代表一个工作表，使用者可以通过单击工作表标签来选取某一工作表。

⑦ 工作表切换标签：一个工作簿中可能包含大量工作表，而使工作表标签区域无法一次显示所有标签，利用标签切换按钮可使显示区域外的工作表，标签到显示区域内。

1.3.2　Excel 2010 中常见的概念

1．工作簿

工作簿是 Excel 存放数据和处理结果的文件，以 .xlsx 为扩展名。一个工作簿最多可包含 255 个工作表，默认情况下，一个工作簿包含 3 个工作表，分别以 Sheet1、Sheet2、Sheet3 3 命名。

2．工作表

工作表由 1048576 行和 16384 列相交的单元格组成。行的编号是自上到下从"1"到"1048576"编号，列的编号是自左到右编号为"A"到"XFD"。

3．单元格

单元格是工作簿基本操作对象的核心，单元格名称显示在工作表左上角名称框中，如果没有对单元格命名，则在名称框中显示单元格地址。单元格地址的样式为"列号+行号"，如"B3"表示 B 列第三行的单元格，

知识链接

工作表由单元格组成，工作簿由工作表组成。工作表是不能够独立保存的，它必须以集合的形式——工作簿进行保存。一旦删除了某张工作表，该工作表将无法恢复。

1.3.3　Excel 2010 的基本操作

1．自定义功能区和快速访问工具栏

在 Excel 操作环境中，功能区中的按钮可以帮助使用者快速新增、编辑、修改文件，因此设置适合自己工作需求的功能区和快速访问工具栏能够快速提高工作效率。

- 执行"文件"→"选项"→"自定义功能区（或快速访问工具栏）"菜单命令，或在工具栏上用鼠标右键单击"自定义功能区（或快速访问工具栏）"命令，出现自定义对话框。
- 在右侧"自定义功能区"下方，单击"新建选项卡"按钮，出现"新建选项卡"条目。
- 单击下方"重命名"按钮，输入新选项卡名称"快捷排版"。
- 在"常用命令"中选择"页面设置"按钮，点击添加至"快捷排版"工具栏上。
- 单击"确定"按钮
- 完成自定义功能区，如图 3-3 所示。

图 3-3　自定义功能区

知识链接

将光标指向工具栏上的最左边的帮助按钮旁的向上箭头 △ ❷，此时可以将功能区最小化（快捷键 **Ctrl+F1**），扩大工作区显示面积。

2．新建工作表

选择"开始"→"程序"→"Microsoft Office"→"Microsoft Excel 2010"命令，启动 Excel 程序。启动 Excel 后，将自动新建名为"工作簿 1"的新工作薄。在默认状态下，Excel 为每个新建工作薄创建 3 张工作表，其中 Sheet1 为活动工作表。

知识链接

Excel 启动后会自动为每个工作簿创建 3 张工作表，工作表的数目是可以通过"文件"—"选项"—"常规"选项卡中的"新建工作簿时包含的工作表数"进行增减。

3．输入文字

在 Excel 中，每一个单元格代表着一份数据，可输入的数据格式包括文字、数值、函数等。

● 选取 A1 单元格，在单元格"名称框"中会显示当前地址。

● 输入"2015 年朝阳集团实习人员汇总表"，数据会同时出现在"编辑栏"中。

● 输入完成后，按下"Enter"键，自动移到下一行单元格中。

● 输入序号。

4．选取单元格

工作表是由单元格组成的，在执行数据输入等操作前，第一步必须先选定单元格范围，如图 3-4 所示。

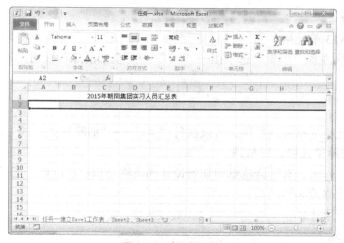

图 3-4 选取单元格

操作说明如下。

- 单击某行的行号，即可选择一行。
- 单击某行的列标，即可选择一列。
- 将光标放在欲选取的第一个单元格，单击鼠标左键并拖动，可选择连续单元格范围。
- 若要选取不连续的范围，按住 Ctrl 键不放，将光标放在欲选取的单元格上点击选择，然后再继续选取其他单元格即可。

知识拓展

单击"全选"按钮或按下 Ctrl+A 快捷键，即可选取整个工作表内的所有单元格。

5．修改、清除单元格内容

输入数据后，如果发现错误或者想要修改的内容，先单击单元格，再至编辑栏进行修改即可。清除单元格内容和删除单元格不同，前者是将单元格内的数据清除，单元格位置不变，后者是将单元格从表中删除，如图 3-5 所示。

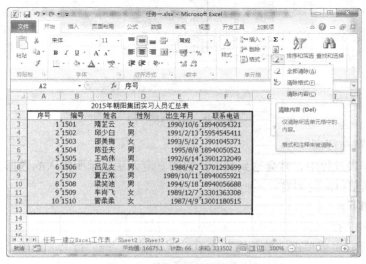

图 3-5 修改与清除单元格内容

操作说明如下。

- 选取 A2-A13 单元格。
- 点击功能区左侧"编辑"选项组→" ✏ · "→"全部清除"按钮。

知识链接

若想清除单元格的格式或批注，可以执行" ✏ · "→"清除格式"或"清除批注"命令。

6．插入及删除单元格、行与列

当完成一份工作表，有时会感觉到初始设计的表格结构存在问题，通过"插入"、"删除"等操作，可以轻松修改表格结构。

操作说明如下所述。

- 单击行号 5。
- 单击"单元格"选项组→" ⤵插入 · "→"插入工作表行"菜单命令，在第 4 行与第 5 行之间新增了一行。
- 选取 E3→E12 单元格。
- 右键单击出现菜单，选择"删除"命令，出现"删除"对话框。
- 单击删除整列。
- 单击"确定"按钮。
- E 列被删除，同时右侧的列会自动上前补上，如图 3-6 所示。

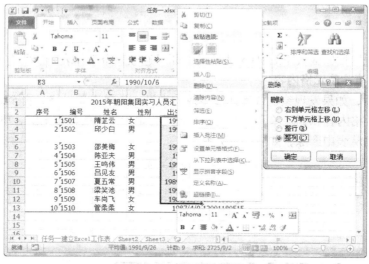

图 3-6　插入删除行列

7．调整列宽与行高

在编辑工作表过程中，常会遇到到单元格的宽度无法显示所输入的数据，同时为了表格的美观，需要调整行高与列宽。

操作说明如下。

- 选取 2～12 行。
- 单击鼠标右键或单击"单元格"选项组→"格式"→"行高"选项，出现"行高"对话框。

- 在"行高"中输入"20"。(注意:此数值默认单位为"磅"。)
- 单击"确定"按钮,如图3-7所示。

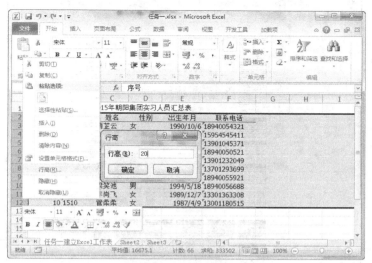

图3-7 调整行高列宽

8. 自动套用格式

数据输入完毕后,需要对工作表进行相应的格式设置,以便数据能够简洁美观地呈现。使用"样式"选项卡中的"套用表格样式"选项,可以将Excel 2010预设的格式应用于所选择的单元格。

选中需要应用格式的单元格,单击"套用表格样式"选项,从出现的样式中选择所需格式。对于预设的格式,可以通过对话框中的"选项"按钮来选择部分需要的格式,如图 3-8 所示。

操作说明如下。

- 选择工作表中的有效数据。
- 单击"样式"选项卡→"套用表格样式"按钮。
- 从下列的样式中选择"表样式浅色 14"。
- 单击右侧的选项,用左键单击取消"列宽/行高"。
- 单击"确定"按钮。

9. 使用序列及自动填充

在Excel 2010中输入一个序列,并不需要将数据逐一键入,Excel提供了"自动填充"功能,可以快速地输入有序数据,节省时间。

操作说明如下。

- 在A1单元格内输入"一月"。
- 将鼠标移动到位于单元格右下角的"填充柄",鼠标变成"+"形状。
- 单击鼠标左键拖动至A12单元格,松开。单元格内填满二月到十二月。
- 在B12单元格内输入30,选中B12→F12。
- 单击"编辑"选项卡→"填充"→"序列"选项,在出现的对话框步长值中输入 2,其他默认。
- 单击"确定"按钮。

● B12→F12 填充了一个连续的等差数列，如图 3-9 所示。

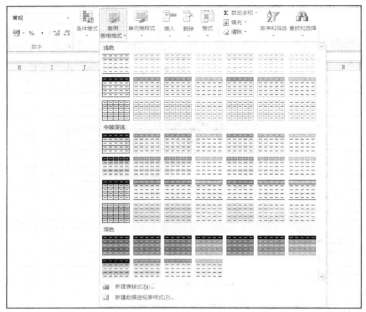

图 3-8　自动套用格式

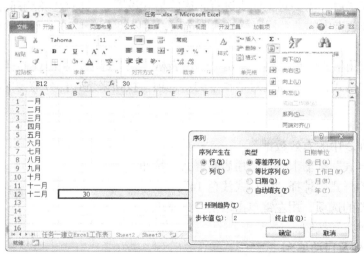

图 3-9　自动填充序列

1.4　任务实施

根据以上知识的学习，首先双击 Excel 2010 在桌面上的快捷方式，或者在"开始"菜单中的快捷方式，在新工作簿中的 Sheet1 工作表中进行如下操作。

1．录入标题

① 选定 A1 单元格，输入"2015 年朝阳集团实习人员汇总表"。

② 然后依次在 A2→F2 单元格内输入"序号"、"编号"、"姓名"、"性别"、"出生年月"、"联系电话"，如图 3-10 所示。

知识链接

在数据输入中常常需要将电话号码或者编号以"0######"形式输入，但是数值0在最左侧是没有意义的，会被自动消除。通过添加英文单引号"'"在数值前，将有大小概念的数值转换为数字文本，可以保留住左侧的"0"。

出生年月的日期格式需要按照"1990-10-6"或者"1990/10/6"的样式输入。

需要注意的是，在 Excel 中输入格式时使用的标点符号都为英文半角符号。

图 3-10　数字文本的输入

2．填充序列

① 选取 A3 单元格，先输入起始数字"1"，然后选择"编辑"→"填充"→"序列"选项，选择"序列"产生在"列"，步长值为"1"，终止值为"10"，单击"确定"按钮，如图3-11 所示。

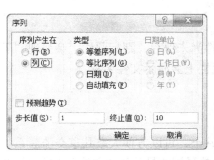

图 3-11　填充序列

② 选定 B3 单元格，先输入一个半角的"'"，再输入数字"01501"，将鼠标移至 B3 单元

格右下角的"填充柄",此时鼠标会变成"＋"形状,向下拖动至 B12 单元格,单元格内已填满"01501"到"01510"。

3．输入数据

① 分别在 C3 至 C12 单元格输入实习人员姓名。

② 分别在 D3 至 D12 单元格输入性别。

③ 分别在 E3 至 E12 单元格输入年龄。

④ 分别在 F3 至 F12 单元格输入联系电话。

通过上述的操作步骤,顺利地完成了数据的汇总和录入。

4．自动套用格式

① 选取包含数据的区域 A2 到 F12,单击"格式"选项卡中的"套用表格样式"选项,选择"表样式浅色 14"样式。

② 然后在出现的"套用表格式"中勾选"包含表标题"复选项。

③ 单击"确定"按钮,应用格式,如图 3-12 所示。

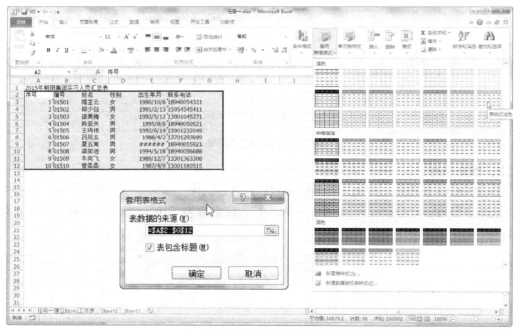

图 3-12　自动套用格式

5．保存文件

Excel 保存文件的方式与 Word 基本上一致。如果文件尚未保存,则标题栏上会呈现"工作簿 1–Microsoft Excel"的字样,而保存过的文档在标题栏上会显示文件名称。

知识拓展

将汇总结果保存成 Web 页的形式更新到部门内部网站上,可以方便大家共享交流联系。

将 Excel 工作表转换为网页格式有很多种,但是最简单易用的是使用"文件"中的"另存为网页"命令,即使没有网页制作的经验,也可以快速从 Excel 文件生成网页文件。

任务2 设定工作表格式

学习目标

- 熟练掌握单元格格式的设置
- 熟练掌握工作表格式的设置
- 熟练掌握查找与替换操作
- 了解样式的概念

2.1 任务描述

某大学网络专业一班同学为了方便大家的交流，设计了该班同学的联系方式工作表，如图3-13所示。准备在录入数据后，打印成表，发放给任课教师和同学。因此需要对已有的通讯录进行美化和修饰。

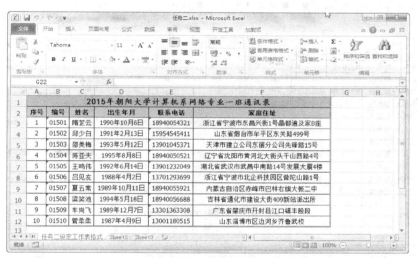

图3-13 任务效果图

2.2 任务分析

当制作好一份工作表后，需要打印出来或以电子文档的形式进行分发；无论哪种情况，通过 Excel 2010 提供的格式设定，都可以使工作表多姿多彩，工作更出彩。

通过对本任务的学习，能够对 Excel 单元格和工作表的格式设置有较为详细的了解，帮助学习者设计出美观大方的表格。

2.3 相关知识

2.3.1 常见概念

1. 数字格式

Excel 中的数据存在着多种格式，其中数字的格式就分为多种，如数值、货币、会计专用、日期时间、分数、科学计数法等。

2．合并单元格

将多个相邻的单元格合并为一个单元格，如果多个单元格中存在数据，Excel 合并单元格将只保留最左上的单元格数据，作为合并单元格的数据。

3．跨列居中

此格式属于单元格对齐中"水平对齐"中的格式之一，可以在不破坏单元格原有序列的情况下，使单元格中的数据在跨多列居中。

2.3.2　设定工作表格式的基本操作

1．设定字体格式

Excel 常常用来制作表格，通过对格式的设定，可以作出精美的表格来，如图 3-14 所示。

图 3-14　设定字体格式

操作说明如下。

① 选取 A2：F2 单元格。

② 单击"字体"选项卡右下角的"展开"按钮，出现"设置单元格格式"对话框。

③ 单击"字体"选项卡。

④ 在"字体"中选择"楷体-GB2312"。

⑤ 在"字型"中选择"粗体"。

⑥ 在"字号"中选择"14"。

⑦ 在"颜色"下拉列表中，选择"深绿"。

⑧ 最后，单击"确定"按钮，完成设定。

知识拓展

Excel 与 Word 的字体格式设置基本上相同。

如果想要还原单元格的字体格式，只需要在"字体"选项卡中，勾选"普通字体"选项即可。单击"编辑"选项卡中的"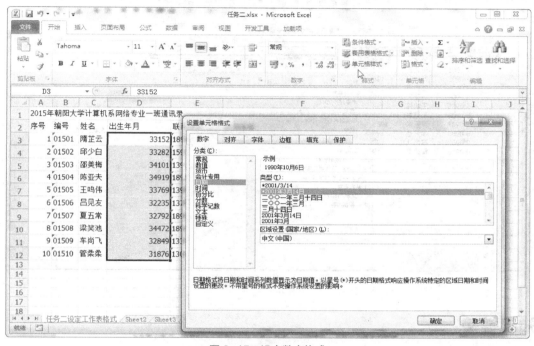"按钮后显示的"清除格式"命令也可以达到这一效果。

2．设定数字格式

Excel 常被用来制作包含各种数字的报表，例如工资表、年度情况表等，因此除了文字的设定外，设定适当的数字格式，能使得数字间的差异更加清晰，阅读方便，如图 3-15 所示。

图 3-15　设定数字格式

操作说明如下。

① 选取 D3：D12 单元格。

② 单击"单元格"选项组→"格式"按钮，从下拉菜单中选择"设置单元格格式"命令。

③ 在出现的"设置单元格格式"对话框中单击"数字"选项卡。

④ 在"分类"列表中选择"日期"，"分类"列表中还可以设定多种数字格式。

⑤ 选择样式为"*2001 年 3 月 14 日"。

⑥ 单击"确定"按钮，设定完毕。

3．合并单元格

合并单元格可以快速地设定所需的字段宽度及高度，以达到美化工作表及完整呈现数据内容的效果，如图 3-16 所示。

操作说明如下。

① 选取 A1：F1 单元格。

② 单击"单元格"选项组→"格式"按钮，从下拉菜单中选择"设置单元格格式"命令。

③ 在"设置单元格格式"对话框中单击"对齐"选项卡。

④ 在"水平"下拉列表中，选择文字对齐方式为"居中"。

⑤ 在"垂直"下拉列表中，选择文字对齐方式为"居中"。

⑥ 在"文本控制"中，勾选"合并单元格"复选项。

⑦ 单击"确定"按钮执行。

⑧ A1：D1 单元格合并为单一单元格，单元格内容"居中"对齐。

图 3-16　合并居中单元格

知识链接

在功能区"对齐方式"选项组中单击"合并后居中"按钮，所选取的单元格将合并为单个单元格，而且单元格内容也会"居中"对齐。

4．设定单元格框线

Excel 中的灰色网格线是为了方便使用者输入数据，该网格线在打印时不显示；在工作表中加上框线分隔数据，可以让数据更明显，工作表更有条理，如图 3-17 所示。

操作说明如下。

① 选取 A1：F12。

② 单击"单元格"选项组→"格式"按钮，从下拉菜单中选择"设置单元格格式"命令。

③ 在"设置单元格格式"对话框中单击"边框"选项卡。

④ 在"颜色"下拉列表中，选择"蓝色"选项。

⑤ 在"样式"中，选择"双线条"选项。

⑥ 单击格式项目中的"外边框"按钮。

⑦ 单击格式项目中的"内边框"按钮。

⑧ 单击"确定，按钮设置完毕。

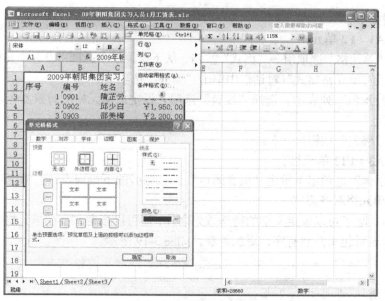

图 3-17　设置框线

知识链接

单击"字体"选项组→ 按钮，从下拉菜单中选择"绘图边框"命令，可以启用与 Word 相同的手绘功能。

5．设置单元格背景

对于工作表中的标题或重要数据，可以在该单元格中加上各种背景图样的底纹，以重点标识或加强美感，如图 3-18 所示。

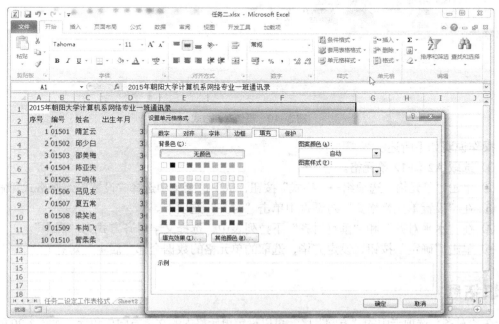

图 3-18　设置背景

操作说明如下。

① 选取 A1：F2 单元格。

② 单击"单元格"选项组→"格式"按钮，从下拉菜单中选择"设置单元格格式"命令。

③ 在"设置单元格格式"对话框中单击"填充"选项卡。

④ 在"背景色"列表中，选择"浅黄"选项，设定成单元格的背景颜色。"图案样式"
选择"50%灰色"。

⑤ 单击"确定"按钮。

⑥ 选取 A3：F12 单元格。

⑦ 在"字体"选项组上单击"填充颜色" 按钮旁的下拉列表，选择"鲜绿"选项。

6．设定单元格对齐方式

单元格格式除了可以设定文字的特殊效果之外，还可以指定文字在单元格中的对齐方式，
使得整个工作表看起来井然有序，更加美观，如图 3-19 所示。

图 3-19　设置对齐方式

操作说明如下所述。

① 选取 A2：F12 单元格。

② 单击"单元格"选项组→"格式"按钮，从下拉菜单中选择"设置单元格格式"命令。

③ 在"设置单元格格式"对话框中单击"对齐"选项卡。

④ 在"水平对齐"和"垂直对齐"下拉列表中，选择文字对齐方式为"居中"。

⑥ 单击"确定"按钮，设定完毕，选取的单元格的数据全部"居中"对齐。

知识拓展

在"对齐"选项卡中的"方向"区，可以设定单元格内的文字方向与角度，如图 3-20 所示。

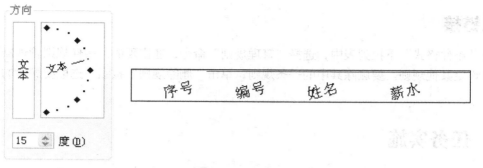

图 3-20　文字方向与角度

7. 使用条件格式

Excel 条件格式功能可以对每个单元格做详细的条件设定。根据所设定的条件，将符合条件的单元格以特定的格式显示，随着单元格内容的改变，显示的格式也将随之动态调整，如图 3-21 所示。

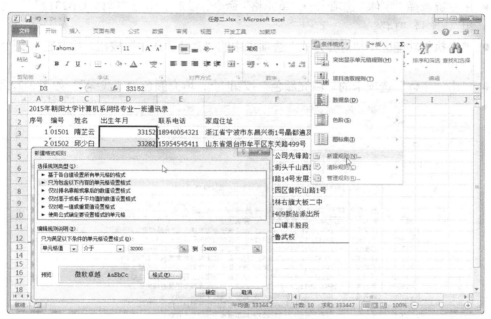

图 3-21　使用条件格式

操作说明如下。

① 选定 D3：D12 单元格。

② 单击"样式"选项组→"条件格式"按钮，选择"新建规则"选项。

③ 在"新建格式规则"对话框中选择"只为包含以下内容的单元格设置格式"选项。

④ 在下方的"编辑规则说明"中，选择"单元格值"、"介于"。

⑤ 在右边的文本框中输入"32000"、"34000"。

⑥ 单击"格式"按钮，出现"单元格格式"对话框。选择"填充"选项卡。

⑦ 在"颜色"列表中，选择"橙色"。单击"确定"按钮，回到"条件格式"对话框。

⑧ 再单击"确定"按钮，显示设定格式的结果。选定单元格中值介于 32000 和 34000 的单元格均显示为用橙色底纹标注。

知识链接

在"条件格式"下拉列表中，选择"管理规则"命令，在出现的"条件规则管理器"中可以再设定其他规则。要删除其中的一条规则，单击"删除规则"按钮，选取要删除的规则即可。

2.4　任务实施

根据以上知识的学习，下面对"2009年朝阳大学计算机系网络专业一班通讯录"内容进行修饰。

步骤一

标题合并居中。

● 选定 A1：F1 单元格。

● 用左键选择"字体"选项卡→"单元格"命令，设定字体为"楷体_GB2312"、字型"加粗"、字号"14"。

● 单击执行功能区中"对齐方式"选项卡中的"合并后居中"按钮，标题在 A 列至 F 列合并居中。

● 单击"字体"选项卡的"填充颜色"按钮，填充颜色为"浅绿"，如图 3-22 所示。

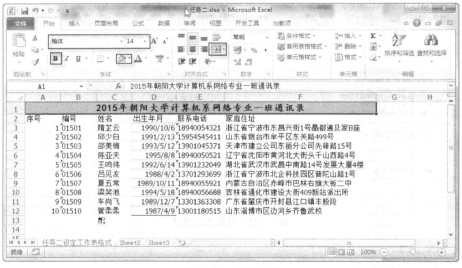

图 3-22　设置标题

步骤二

设定标题行。

● 选择 A2:F2 单元格。

● 单击字体选项卡上的"加粗"按钮 **B**，然后再单击对齐方式选项卡上的"居中"按钮。

● 单击字体选项卡上的"填充颜色"按钮，填充颜色为"橙色"，如图 3-23 所示。

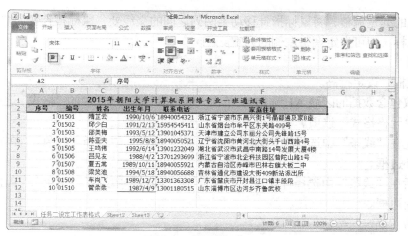

图 3-23　填充序列

步骤三

设定数据格式。

● 选中 **D3:D12** 单元格。

● 选择"数字"选项卡→"日期"命令，出现日期格式下拉列表。

● 单击选中"长时间"样式。

● 选中 **A3:F12** 单元格。

● 单击"对齐方式"选项卡上的"居中"按钮 ≡ 。

● 选择"单元格"选项卡→"格式"→"自动调整列宽"命令。

● 对于个别列宽，可以自行调整，如图 3-24 所示。

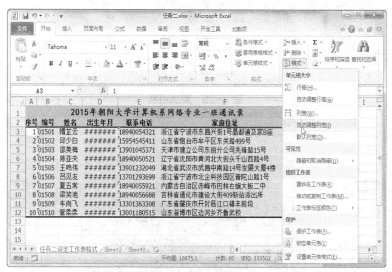

图 3-24　设定数据格式

知识链接

在调整列宽过程中，如果出现单元格数据变为"########"形式，则表明当前该列列宽过小，可以适当增大列宽数值。

最合适的列宽调整，将鼠标指针移动至两列之间的交线处，鼠标指针变为"➕"样式，此时双击鼠标，便可自定调整左侧的列宽。

步骤四

添加边框、设定行高。

- 选取包含数据的区域 A1 到 F12，单击"单元格"选项卡"中的"格式"选项，选择"设置单元格格式"选项。
- 首先在"线条"中选择样式为"━━"，在"颜色"中选择"红色"，单击"预置"中的外边框。
- 然后在"线条"中选择样式为"──"，在"颜色"中选择"黑色"，单击"预置"中的内边框。
- 单击"确定"按钮。
- 选中 1 至 12 行，在行号上单击出现右键菜单，点选"行高"命令。
- 在出现的"行高"对话框中，输入"20"，单击"确定"按钮，设定完毕，如图 3-25 和图 3-26 所示。

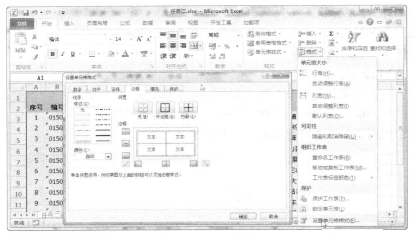

图 3-25 添加边框

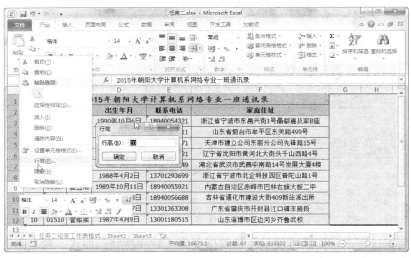

图 3-26 设定行高

任务 3   工作簿管理与打印设置

学习目标

- 熟练掌握工作表查看的操作
- 熟练掌握序列及自动填充的相关操作
- 熟练掌握工作表的打印设置
- 熟练掌握工作表的相关操作
- 熟练掌握工作表的版面设置

3.1   任务描述

某公司对的 2015 年业绩表进行了汇总，对于汇总后的工作表进行复制，并为几天后进行的年终报告进行演示准备。同时还要求针对不同的部门打印出各地不同的营业额，以方便年终报告时使用，如图 3-27 所示。

图 3-27   任务效果图

3.2   任务分析

工作簿管理与打印设置是在建立工作簿后，学习怎样对工作表进行编辑修改，如何熟练地操作工作表，对于不同的工作表进行分门别类或是设置醒目的标签，提高工作效率。根据不同的要求打印出全部数据或者是指定的数据，是日常工作学习中必备的技能。

通过对本任务的学习，可以对 Excel 工作表的操作及工作表的打印有较全面的了解。

3.3 相关知识

3.3.1 常见概念

1．冻结窗格

在制作一个 Excel 表格时，如果列数较多，行数也较多时，一旦向下滚屏，则上面的标题行也跟着滚动，难以分清各列数据对应的标题。冻结相应的标题行后，被冻结的标题行总是显示在最上面，大大增强了表格编辑与观看的直观性。

2．固定标题

在打印多页 Excel 数据表格时给每页自动重复添加标题。

3.3.2 工作簿管理与版面设置的基本操作

1．使用冻结窗格

工作表数据有时分布在相隔较远的单元格中，使得数据不易相互对照，Excel 提供"冻结窗格"的功能，将工作表内某些列与行冻结，让用户在使用工作表时，数据不会随着滚动条的移动而消失。

操作说明如下。

① 选取 C4 单元格。

② 单击"视图"选项卡→"窗口"选项组→"冻结窗格"按钮，在下拉列表中选择"冻结拆分窗格"选项。

③ 向下拖曳"垂直"滚动条至第 10 行，第一行到第三行的数据不会随滚动条的移动而改变。

④ 向右拖曳"水平"滚动条至 D 列，第一、二列的数据不会随滚动条的移动而改变。

⑤ 示例工作表中 A、B 列及第 1~3 行都已被冻结，如图 3-28 所示。

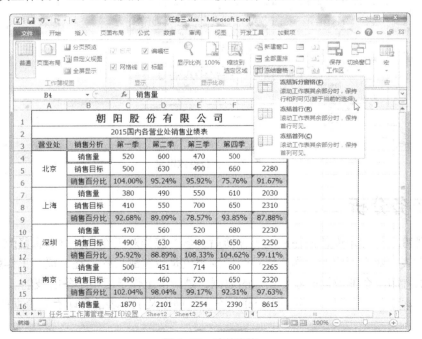

图 3-28 冻结窗格

知识链接

执行"冻结窗格"后，Excel 会将所选取的单元格设为基准，在此单元格上方和左方的单元格都会被冻结。

冻结窗格并不会影响打印结果。

选择"窗口"→"取消冻结窗格"命令，可取消单元格的冻结设定。

若只想冻结列而不冻结行，则可以在"冻结窗格"中选择"冻结首列"选项。反之，若只想冻结行而不冻结列，则可以在"冻结窗格"中选择"冻结首行"选项。

2．新增、删除工作表

当打开新建的工作簿时，系统会自动预设 3 张工作表。但是也可以根据自己的需要，在Excel 中自行增加或删除工作表，如图 3-29 所示。

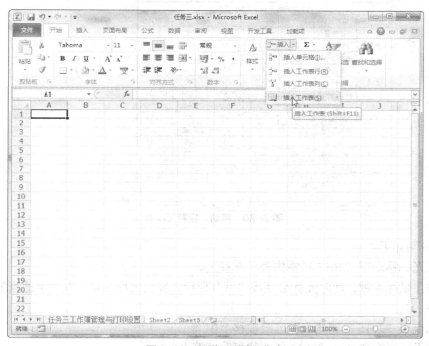

图 3-29 新增、删除工作表

操作说明如下。

① 选取要新增工作表右侧的工作表。

② 单击"单元格"选项组→"插入"按钮，在下拉菜单中选择"插入工作表"命令，或在工作表标签上单击鼠标右键，选择"插入"命令。

③ 新增一张空白工作表。

④ 选取要删除的工作表。

⑤ 单击"单元格"选项组→"插入"按钮，在下拉菜单中选择"删除工作表"命令。

知识拓展

如果需要一次添加多张工作表或者删除多张工作表，可以使用 Ctrl 键进行批量辅助，然后按照上述的操作进行即可，此时 Excel 窗口标题栏会显示“工作组”字样。工作表一旦删除，无法恢复。

3．移动、复制工作表

在管理工作表时，可以根据需要移动工作簿中的某一张工作表至其他位置，并且可以用 Excel 提供的复制功能，复制原有的工作表产生一份新的工作表，如图 3-30 所示。

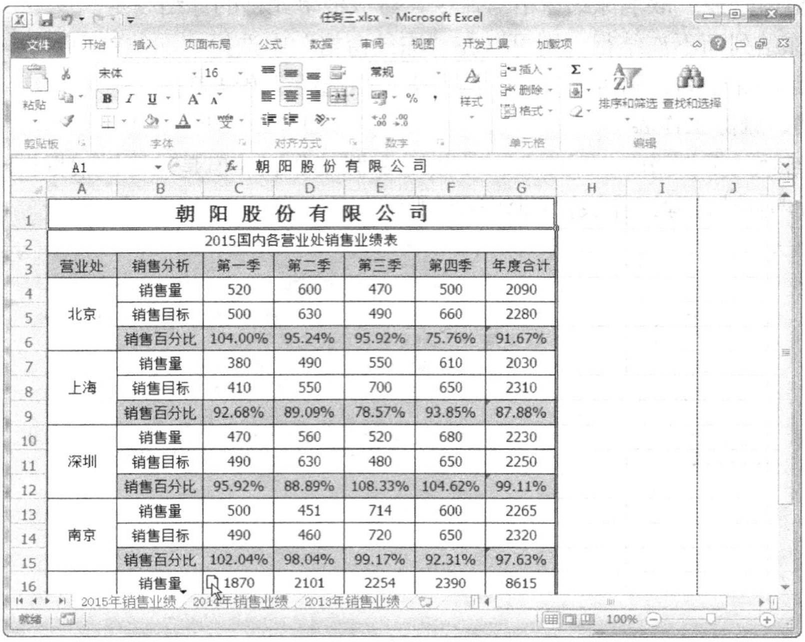

朝 阳 股 份 有 限 公 司						
2015国内各营业处销售业绩表						
营业处	销售分析	第一季	第二季	第三季	第四季	年度合计
北京	销售量	520	600	470	500	2090
	销售目标	500	630	490	660	2280
	销售百分比	104.00%	95.24%	95.92%	75.76%	91.67%
上海	销售量	380	490	550	610	2030
	销售目标	410	550	700	650	2310
	销售百分比	92.68%	89.09%	78.57%	93.85%	87.88%
深圳	销售量	470	560	520	680	2230
	销售目标	490	630	480	650	2250
	销售百分比	95.92%	88.89%	108.33%	104.62%	99.11%
南京	销售量	500	451	714	600	2265
	销售目标	490	460	720	650	2320
	销售百分比	102.04%	98.04%	99.17%	92.31%	97.63%
	销售量	1870	2101	2254	2390	8615

图 3-30 移动、复制工作表

操作说明如下。

① 将光标移动至“2015 年销售表”标签上。

② 按住鼠标左键，此时光标会变成“![]”形状，按住鼠标左键，拖动至适当的位置，再放开鼠标左键。

③ 工作表“2015 年销售表”已经被移至中间。

④ 将光标再次移动至“2015 年业绩表”标签上。

⑤ 按住鼠标左键及 CTRL 键，此时光标会变成带加号的“![]”形状，按住鼠标左键，拖动至适当的位置，再放开鼠标左键。

⑥ 复制完成的工作表名称为“2015 年销售表（2）”。

知识链接

鼠标拖动至适当的位置时，在工作表标签上会出现一个三角标识，表示目前工作表被搬迁至什么位置。

在需移动或复制的工作表标签上单击鼠标右键，从弹出的快捷菜单中选择“移动或复制工作表”命令，同样可以完成工作表的移动或复制工作。

4．重命名工作表与设定标签颜色

通过重命名工作表标签，简要标识此工作表的用途，以便于日后使用与管理工作表。

根据 Excel 提供的"标签颜色"功能，可以将标签用不同的颜色来标识，可以轻易辨识工作表的分类，更有效率地管理与组织工作簿，如图 3-31 所示。

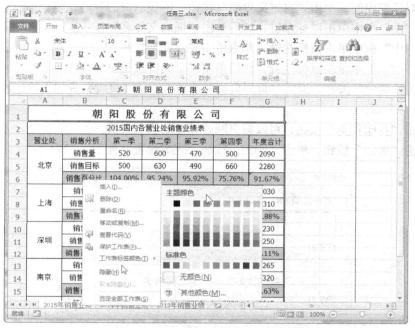

图 3-31　重命名工作表与设定标签颜色

操作说明如下。

① 将光标移至"Sheet1"工作表标签上，单击鼠标右键，出现菜单，选择"重新命名"命令，此时工作表名称被反白显示。

② 输入"2015 年销售业绩"，按"Enter"键，完成输入。

③ 在"2015 年销售业绩"标签上单击右键，选择"工作表标签颜色"命令，出现"设置工作表标签颜色"对话框。

④ 选择"鲜绿色"。

⑤ 单击"确定"按钮，完成设定。

知识链接

在重新输入工作表名称时，最多只可以输入 31 个字符。

更改工作表名，还可以通过在工作表标签上，双击鼠标左键来重新输入名称。

5．设定页眉和页脚

在制作一份文件时，可以在文件中放置一些日期或其他信息，以标明这份文件当初制作的背景。在 Excel 中提供了"页眉/页脚"功能，可以在每一页文件的页眉与页脚上放置日期时间及个性信息等。

操作说明如下。

① 执行"页面布局"选项卡→"页面设置"选项组→"打印标题"菜单命令，出现"页面设置"对话框。

② 选择"页眉/页脚"选项卡。

③ 在对话框中间，单击"自定义页眉"按钮，出现"页眉"对话框。

④ 在"左"框中单击鼠标左键，然后单击"插入文件名"按钮。

⑤ 在"中"框中单击鼠标左键，然后单击"日期"按钮。

⑥ 在"右"框中单击鼠标左键，然后单击"页码"按钮。

⑦ 单击"确定"按钮，返回"页眉页脚"选项卡，从"页脚"旁的下拉列表清单中，选择"第1页"选项。

⑧ 单击"打印预览"按钮，可以看见刚才设定的页眉页脚。

⑨ 单击"关闭"按钮，单击"确定"按钮，完成设置，如图3-32所示。

图3-32 设定页眉和页脚

知识链接

Excel在"页眉"、"页脚"中的按钮，使用者可以依需要在编辑栏中插入所需的信息。每一个编辑栏内都可以插入多项信息，且可以插入相同的内容。

从左到右依次为字型、页码、总页数、日期、时间、路径信息、文件名称、工作表名、插入图片、设定图片格式，如图3-33所示。

图3-33 选项按钮

6．工作表打印设置

打印文件时常会遇到只需要打印部分工作表的情况，也会遇到多页固定打印顶端标题的情况。这时，可以利用 Excel 的"打印区域"和"打印标题"功能，打印出根据不同目的选择的打印范围，还可以打印出和屏幕上相同的打印网格线及列名行号。

操作说明如下。

① 单击"页面布局"选项卡→"页面设置"选项组→"打印标题"按钮，出现"页面设置"对话框。

② 选择"工作表"选项卡。

③ 单击"打印区域"文本框右侧的"单元格选择"按钮，出现"打印区域"选择对话框，选中单元格 A4:G18。

④ 单击"顶端标题行"文本框右侧的单元格选择按钮，出现"顶端标题"选择对话框，选中第一、二行。

⑤ 在下面的"打印"选项中，选择网格线和行号列标。

⑥ 单击"打印预览"按钮，出现"打印预览"窗口，在"打印预览"窗口中，只会显示要打印的范围、打印网格线及列名行号。

⑦ 单击"关闭"按钮，如图 3-34 所示。

图 3-34　工作表打印设置

知识链接

"网格线"选项可为未设定边框线的工作表添加边框线，如果已经设定了单元格边框线，则以已设定的线为准。

3.4　任务实施

根据以上知识的学习，打开"朝阳股份有限公司 2008 年业绩表.xls" Excel 工作簿文件。

步骤一

复制工作表。

● 用右键单击 Sheet1 的标签，在出现的右键菜单中点选"移动或复制工作表"选项，在出现的"移动或复制工作表"对话框中选择"移至最后"选项，在下方的"建立副本"左侧用左键点选。

● 单击"确定"按钮，完成复制，如图 3-35 所示

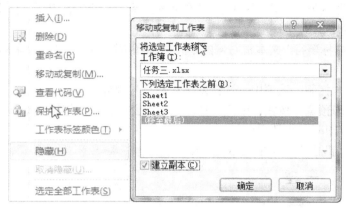

图 3-35 复制工作表

步骤二

重命名工作表。

● 用右键单击 Sheet1 的标签，在出现的右键菜单中点选"重命名"选项。

● 修改 Sheet1 名称为"2015 年销售业绩演示表"，按"Enter"键，确认修改。

● 修改 Sheet1（2）名称为"2015 年销售业绩备份表"，按"Enter"键，确认输入，如图 3-36 所示。

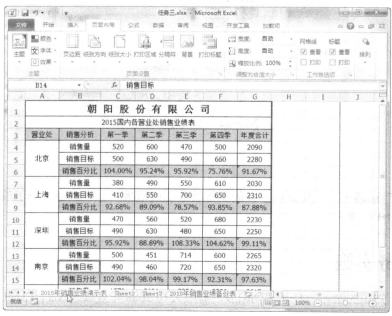

图 3-36 重命名工作表

知识链接

有些对工作表的操作会导致部分工作表标签无法显示，此时可以通过单击标签左侧的"标签翻动"按钮 ⊩ ◂ ▸ ▸▸ 来进行切换显示。

步骤三

冻结窗格。

- 选中 2015 年销售业绩演示表中的"A4"单元格（北京）。
- 选择"窗口"→"冻结窗格"命令。
- 完成对该表中第一、二、三行的冻结。
- 单击位于窗口右侧的垂直滚动条顶端和底端的箭头，观察冻结效果，如图 3-37 所示。

图 3-37 冻结窗格

步骤四

设置工作表标签颜色。

- 在"2015 年销售业绩演示表"标签上单击鼠标右键，选择"工作表标签颜色"命令，出现"设置工作表标签颜色"对话框。
- 选择"白色"。
- 单击"确定"按钮，完成设定。

步骤五

设置页眉页脚。

- 执行"文件"→"页面设置"菜单命令，出现"页面设置"对话框。
- 选择"页眉页脚"选项卡。
- 在对话框中，单击"自定义页眉"按钮，出现"页眉"对话框。
- 在"左"框中单击鼠标左键，然后单击"插入图片"按钮，插入一张图片。

- 在"中"框中单击鼠标左键，然后单击"标签名"按钮。
- 在"右"框中单击鼠标左键，然后单击"日期"按钮。
- 单击"确定"按钮，返回"页眉页脚"选项卡。
- 在"页脚"下拉列表中选择"第1页共？页"格式。
- 单击"确定"按钮，设定页眉页脚完毕，如图3-38所示。

图 3-38 设置页眉页脚

步骤六

设定打印标题与打印区域。

- 选择 B4:G12 单元格。
- 单击"页面布局"选项卡→"页面设置"选项组→"打印标题"按钮，出现"页面设置"对话框。
- 单击"页眉/页脚"选项卡。
- 单击"顶端标题行"文本框右侧的单元格选择按钮，出现"顶端标题"选择对话框，选中第一、二、三行。
- 单击"返回"按钮返回"工作表"标签。
- 单击"确定"按钮，设定完毕，如图3-39所示。

步骤七

预览与打印。

- 选择"文件"→"打印"命令。
- 单击"缩放"按钮，调整合适的视图。
- 单击"打印"按钮。
- 在出现的"打印内容"对话框中，修改"打印份数"为5。
- 单击"确定"按钮，打印完毕，如图3-40所示。

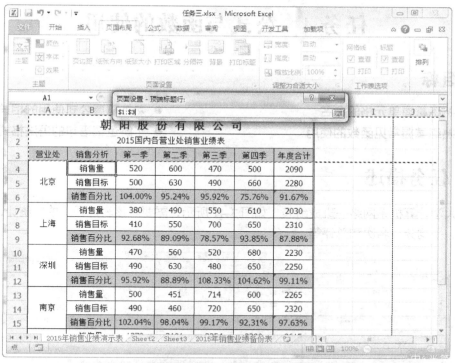

图 3-39　设定打印标题与打印区域

图 3-40　打印预览

任务 4　公式与函数的使用

学习目标

- 熟练掌握单元格的命名
- 熟练掌握常见函数的使用
- 熟练掌握公式使用的相关操作
- 了解逻辑语句的语法格式

4.1　任务描述

某大学计算机系网络一班成绩表，如图 3-41 所示，需要对该表进行简单的统计，计算各种总分、平均分、名次和总评等。

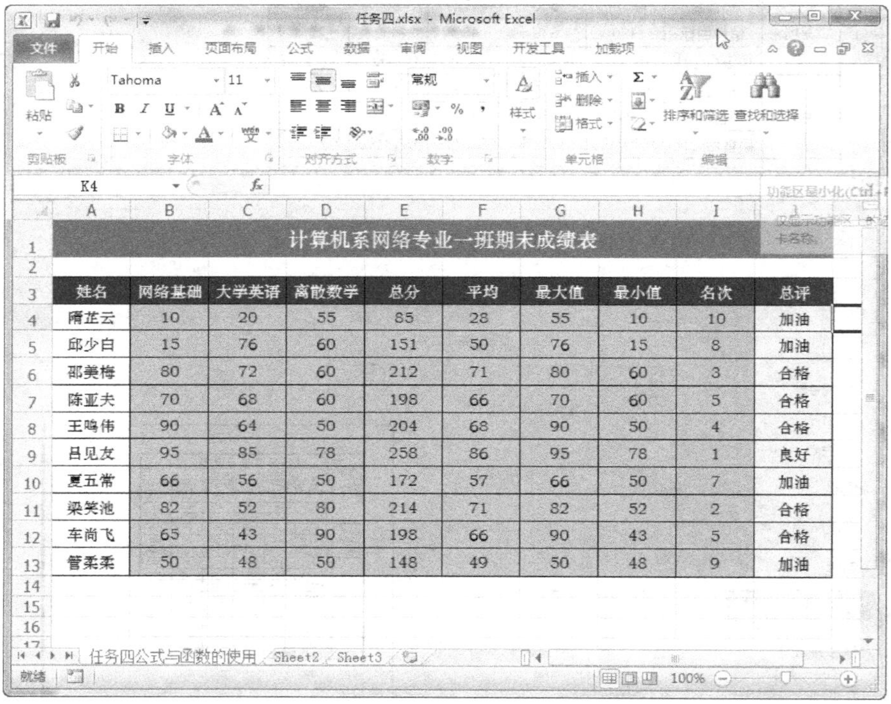

计算机系网络专业一班期末成绩表

姓名	网络基础	大学英语	离散数学	总分	平均	最大值	最小值	名次	总评
隋芷云	10	20	55	85	28	55	10	10	加油
邱少白	15	76	60	151	50	76	15	8	加油
邵美梅	80	72	60	212	71	80	60	3	合格
陈亚夫	70	68	60	198	66	70	60	5	合格
王鸣伟	90	64	50	204	68	90	50	4	合格
吕见友	95	85	78	258	86	95	78	1	良好
夏五常	66	56	50	172	57	66	50	7	加油
梁笑池	82	52	80	214	71	82	52	2	合格
车尚飞	65	43	90	198	66	90	43	5	合格
管柔柔	50	48	50	148	49	50	48	9	加油

图 3-41　任务效果图

4.2　任务分析

在日常工作生活中，经常需要使用 Excel 提供的公式和函数来对现有的资料进行统计或分析，比较常用的如求和、求平均值、求最大、最小值等。

通过对本任务的学习，可以对 Excel 中常用的公式函数有较深的了解，同时也为读者自行使用 Excel 中的公式和函数提供了思路和方法。

4.3 相关知识

4.3.1 Excel 2010 中常见的概念

1. 单元格命名

对单元格命名，便于理解公式，可以缩短和简化公式（如姓名=朝阳公司 2008 年 8 月工资表!$A$2:$A$100）。

2. 逻辑函数

用来判断真假值，或者进行复合检验的 Excel 函数，称为逻辑函数。在 Excel 中提供了 6 种逻辑函数，即 AND,OR,NOT,FALSE,IF,TRUE 函数。

3. 相对引用与绝对引用

相对引用。在创建公式时，单元格或单元格区域的引用通常是相对于包含公式的单元格的相对位置。在复制包含相对引用的公式时，Excel 将自动调整复制公式中的引用位置。

绝对引用。如果在复制公式时不希望 Excel 调整引用的单元格，则使用绝对引用。

知识链接

相对引用与绝对引用之间的切换。在编辑栏中选择要更改的引用，并按 F4 键，Excel 就会在相对引用与绝对引用之间进行切换。

4.3.2 Excel 2010 的基本操作

1. 建立公式

执行数值的运算是 Excel 最擅长的功能之一。Excel 中建立公式的方法有两种：一种为直接在单元格内输入运算公式；另一种是使用"公式"选项卡中的"插入函数"按钮来一步步建立公式。插入函数如图 3-42 所示。

图 3-42 插入函数

操作说明如下。

直接输入公式。

① 单击要存放运算结果的单元格。

② 直接输入运算公式"=B4+C4+D4"，公式建立完成，按"Enter"键，或者单击编辑栏左侧的"输入"按钮✔，要取消输入的公式，单击"取消"按钮✖。

使用函数。

① 单击要存放运算结果的单元格。

② 在编辑栏中输入"="。

③ 单击 [SUM] 右侧的下拉箭头，选取所需要的函数（如 SUM）。

④ 选取公式的参数，单击"单元格选择"按钮🔳，拖动鼠标选取范围，被选单元格会出现虚线框，选取完成后单击"返回对话框"按钮🔲。

⑤ 单击"确定"按钮计算结果。

知识链接

建立公式第一步一定要输入"="符号，公式建立完毕后，记得要按一下"Enter"键。

如果要修改已经设定完成的公式，可在单元格对应的"编辑栏"中出现的内容上单击鼠标的左键，然后进行修改。

2．使用自动求和

在 Excel2010 中，在功能区"开始"选项卡上提供了一个"自动求和"按钮，可以方便又快速地使用"自动求和"功能。

操作说明如下。

① 选中需要进行求和的单元格与存放计算结果的空白单元格。

② 单击常用"开始选项卡"→"编辑"选项组上的"自动求和"按钮 Σ。

③ 计算结果出现在预先选中的空白单元格中，如图 3-43 所示。

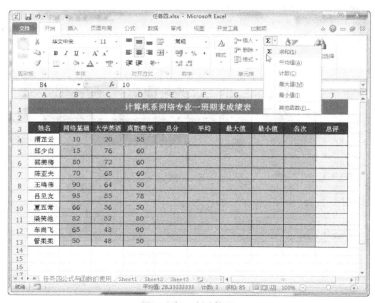

图 3-43　自动求和

3．日期计算

在 Excel 中，日期和时间有很多不同的样式，无论使用哪种样式，日期和时间数据都可以参与运算的。日期计算如图 3-44 所示。

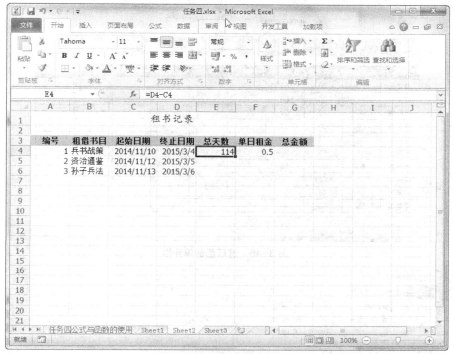

图 3-44　日期计算

操作说明如下。

① 单击 E4 单元格。

② 输入公式"=D4-C4"，按下"Enter"键确认输入。

③ E4 中出现两个日期之差。

知识链接

对日期数据进行计算，存放结果的单元格中的格式，必须为数字格式，否则 Excel 会以日期格式来表示结果，如图 3-45 所示。

编号	租借书目	起始日期	终止日期	总天数	单日租金	总金额
1	兵书战策	2014/11/10	2015/3/4	114	0.5	
2	资治通鉴	2014/11/12	2015/3/5	113		
3	孙子兵法	2014/11/13	2015/3/6	1900/4/22		

图 3-45　单元格中的格式

4．基本统计函数的使用

Excel 提供了很多不同的函数，可以方便快速地计算出所需的数值。操作如图 3-46 和图 3-47 所示。

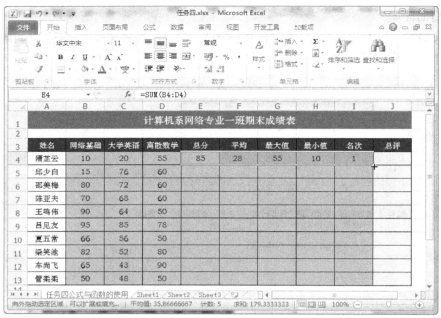

图 3-46　选取函数单元格

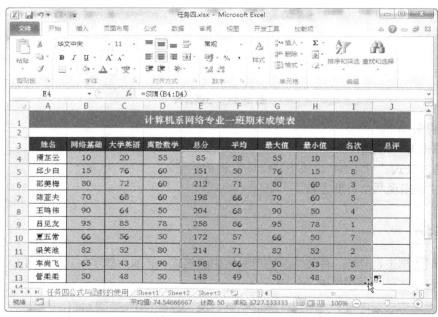

图 3-47　利用拖动复制公式

操作说明如下。

① 分别单击需要插入公式的 4 个单元格（共 4 个：平均值、最大值、最小值、名次 F4-I4）。

② 单击功能区"公式"选项卡上"函数库"选项组中的"插入函数"按钮 f_x。

③ 出现"插入函数"对话框，在"函数类别"中，选择"统计"选项；在"函数名称"中，分别单击"AVERAGE"、"MAX"、"MIN"、"RANK"。各函数的意义如表 3-1 所示。

表 3-1　函数意义

函数	用法	意义
AVERAGE	=AVERAGE(B4:D4)	表示 B4 至 D4 单元格中数值的平均值
MAX	=MAX(B4:D4)	表示 B4 至 D4 之间的最大值
MIN	=MIN(B4:D4)	表示 B4 至 D4 之间的最小值
RANK	=RANK(E4,$E$4: $E$13)	表示 E4 在 E4 至 E13 之间的大小排序

④ 设定完毕之后，均需按下"Enter"键。

⑤ 选取 F4 至 I4 单元格，将鼠标放置在填充柄上，当指针变为"╋"时，拖动至其他要复制公式的单元格上。

⑥ 快速完成复制 F5 至 I13 的单元格公式。

知识链接

在平均值的单元格中，如果出现小数位数过多的情况，可以在单元格上右击鼠标，出现右键菜单，选择"单元格格式"命令，选择"数字"选项卡，调整小数字数后，单击"确定"按钮即可，如图 3-48 所示。

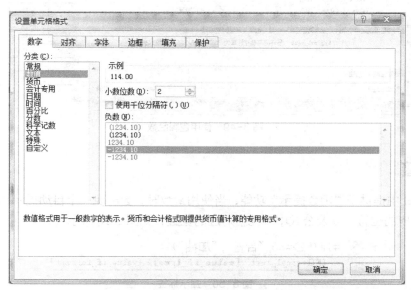

图 3-48　"设置单元格格式"对话框

5．使用逻辑函数

逻辑函数就是由条件判断来进行数值运算的函数。一个逻辑表达式在计算之后只会有一个结果。

操作说明如下。

① 单击需要使用逻辑函数的单元格 F2。

② 单击功能区"公式"选项卡上"函数库"选项组中的"插入函数"按钮 f_x。

③ 出现"插入函数"对话框，在"函数类别"中，选择"逻辑"选项；在"选择函数"中，选择"IF"选项。

④ 单击"确定"按钮，出现"IF"函数使用对话框。

⑤ 输入逻辑条件，例如"F2>=60"，表示假设 F2 单元格中的数字大于 60。

⑥ 输入显示"TRUE"和"FALSE"结果。如果符合条件，则显示在"Value_if_true"中预先输入的"合格"，反之如果不符合条件，则显示在"Value_if_false"中预先输入的"加油"。

⑦ 单击"确定"按钮，完成函数设置。

⑧ 将 G2 单元格中的公式，填充到其他需要判断逻辑值的单元格上，如图 3-49 所示。

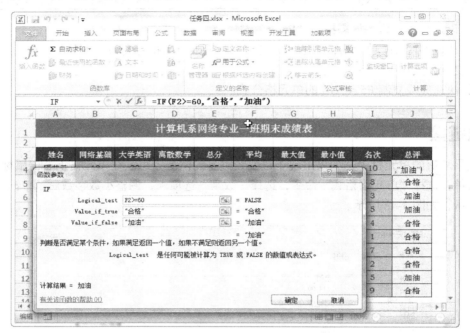

图 3-49　使用逻辑函数

知识链接

在 Excel 中提供了"函数提示"功能，当使用函数时，会出现一个自动提示标签，标出公式中变量对应的位置，以及公式中单元格对应的位置，如图 3-50 所示。

f_x　=IF(F2>=60,"合格","加油")

IF(logical_test, [value_if_true], [value_if_false])

图 3-50　提示标签

6．定义单元格名称

Excel 中的单元格数量众多，只使用 Excel 提供的列表与行号作为地址，十分不方便。所以 Excel 提供了"名称"功能，单一单元格或区域单元格范围，都可以赋予一个别名，在使用时可以直接选取别名来代替地址，不容易出现名称上的错误。

操作说明如下。

① 单击 C8 单元格。

② 单击执行"公式"选项卡→"定义的名称"选项组→"定义名称"按钮，出现"新建名称"对话框。

③ 在名称栏中输入"音箱单价"，如图 3-51 和图 3-52 所示。

④ 单击"添加"按钮。

⑤ C8 单元格名称被定义为"音箱单价"。

⑥ 单击"关闭"按钮。

⑦ 在 E8 单元格中输入公式"=音箱单价*D8",按"Enter"键,确认输入。

⑧ E8 中出现音箱小计数据,如图 3-53 所示。

图 3-51　定义单元格名称(一)

图 3-52　定义单元格名称(二)

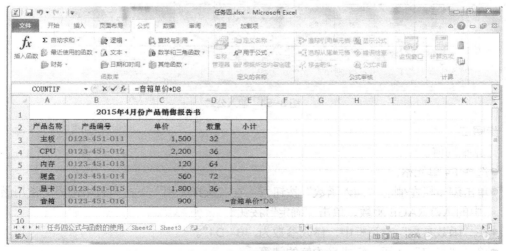

图 3-53　定义单元格名称(三)

知识链接

选取要定义的单元格或单元格范围，在名称框中直接输入要定义的名称，然后按"Enter"键完成定义单元格名称。

4.4 任务实施

根据以上知识的学习，双击打开2015年朝阳大学计算机系网络专业一班期末成绩表.xlsx工作簿文件。

步骤一

计算总分。

● 选定E4单元格。

● 在上方对应的编辑栏中输入"=SUM(B4:D4)，按下"Enter"键。

● 将鼠标移至E4单元格右下角，鼠标指针变为"╋"，拖动复制到其他单元格，如图3-54所示。

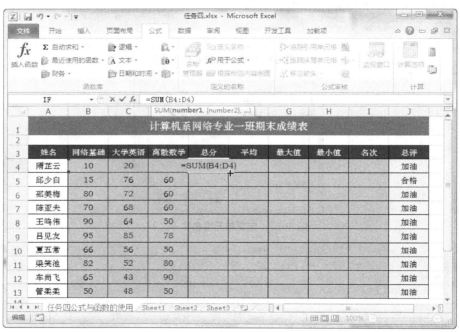

图3-54 输入公式

步骤二

计算平均值。

● 选择F4单元格。

● 单击编辑栏左侧的"插入函数"按钮 *fx*。在"选择类别"下拉列表中选择"常用函数"中的 AVERAGE 函数，单击"确定"按钮。

● 在"函数参数"对话框中，修改参数为"B4:D4"。

● 单击"确定"按钮，完成平均值的计算。

●将鼠标移至 F4 单元格右下角，鼠标指针变为"**十**"，拖动复制到其他单元格，如图 3-55 所示。

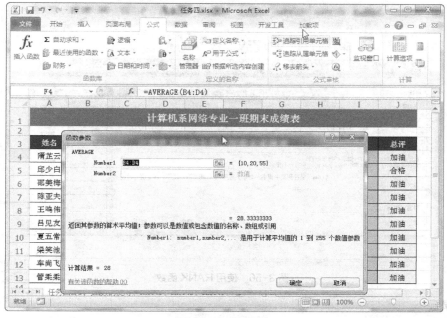

图 3-55   求平均值

步骤三

求最大、最小值。

● 分别在 G4、H4 单元格中插入"统计"分类中的 MAX、MIN 函数。

● 分别修改函数参数为"B4:D4"，按"Enter"键确认输入。

● 选中 G4、H4 单元格，将鼠标移至 H4 单元格右下角，鼠标指针变为"**十**"，拖动复制到其他单元格。

步骤四

计算名次。

● 选中 I4 单元格。

● 单击编辑栏上的"插入函数"按钮 *fx*。

● 出现"插入函数"对话框，在"函数类别"中，选择"统计"选项；在"函数名称"中，选择"RANK"函数，单击"确定"按钮。

● 在"函数参数"对话框中，在"Number"中输入对应的总分"E4"，在"Ref"中输入比较的范围"$E$4:$E$13"，在"Order"中输入数字"0"或者忽略，生成按照降序排列的名次值。

● 单击"确定"按钮，I4 中出现数值"10"。

● 将鼠标移至 I4 单元格右下角，鼠标指针变为"**十**"，拖动复制到其他单元格，如图 3-56 所示。

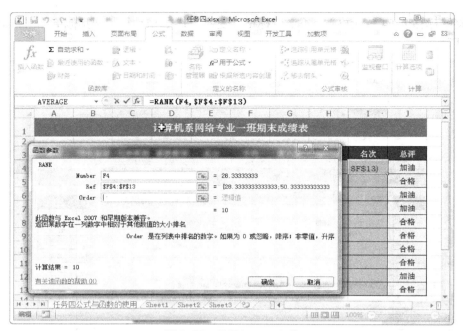

图 3-56　使用 RANK 函数

步骤五

计算总评。

● 单击 J4 单元格。

● 在单元格对应的编辑栏中输入 "=IF(F4>=60,IF(F4>=75,"良好","合格"),"加油")"，按下 "Enter" 键，

● 将鼠标移至 J4 单元格右下角，鼠标指针变为 "**+**"，拖动复制到其他单元格，如图 3-57 所示。

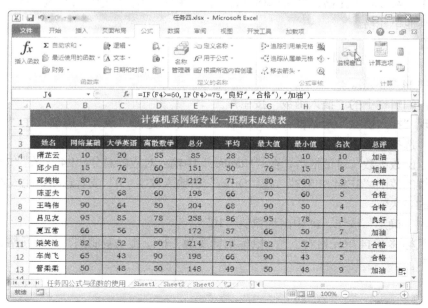

图 3-57　使用逻辑函数求评价

任务 5　数据管理与图表使用

学习目标

- 熟练掌握数据的排序功能
- 了解分类汇总的有关功能
- 熟练掌握图表的相关操作

- 熟练掌握数据的筛选功能
- 熟练掌握插入图片的有关操作

5.1　任务描述

部门经理要求对 1 月份销售业绩表进行分析，完成对业绩的排序；通过筛选数据筛选出年轻能干的业务骨干进行培训，利用分类汇总评估男女业务员的业绩总和，最后将近期年轻员工的销售额制成图表进行评估，如图 3-58 所示。

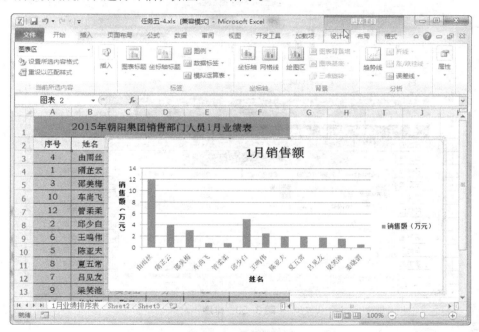

图 3-58　任务效果图

5.2　任务分析

Excel 中排序、筛选及分类汇总等，主要目的是为了对海量的数据进行整理，使数据更加有条理，层次分明，方便数据的查找与汇总等。

通过对本任务的学习，能够初步掌握对数据的分析，掌握排序、筛选及分类汇总等统计操作。

5.3 相关知识

5.3.1 常见概念

1．自动筛选

使用 Excel2010 提供的"筛选"功能，可以在数据清单中快速地查找数据，并且可以将不满足指定条件的数据进行隐藏，隐藏的数据不能被打印出来。

2．分类汇总

分类汇总以排序后的某标题项为中心，对其他各标题项进行求和、求平均值等汇总操作。

5.3.2 Excel 2010 的基本操作

1．使用排序功能

Excel 提供了"排序"的功能，它可将单元格中的数据，利用文字、数字的属性，将各项数据依照递增或递减的方式，显示在原来的资料范围里，如图 3-59 所示。

图 3-59　排序

操作说明如下。

① 在需要排序的数据区域内任意单元格上单击左键。

② 单击"开始"选项卡→"编辑"选项组→"排序和筛选"按钮，在下拉列表中选择"自定义排序"选项。

③ 在"排序"对话框中，选择"有标题行"选项。

④ 在"主要关键字"的下拉列表中，选择"总分"选项。

⑤ "排序依据"选择"数值"，"次序"选择"降序"选项。

⑥ 单击左上角"添加条件"按钮，在"次要关键字"的下拉列表中选择"网络基础"选项。

⑦ "排序依据"选择"数值"，"次序"选择"降序"。

⑧ 单击"确定"按钮，完成排序。

知识链接

利用"排序和筛选"下拉列表中的"升序排列"按钮 ▲↓与"降序排列"按钮 ▼↓可以设定排序功能。

在"排序"对话框下方单击"选项"按钮,出现"排序选项"对话框,可设定按行、列进行排列或按照笔划、字母来排列数据,如图 3-60 所示。

对工作表执行排序后,单元格内容的排列顺序会与原来有所不同。

2.自动筛选

Excel 提供的"筛选"功能,可以让您快速寻找工作表中某些特定条件的数据,并且将不符合条件的数据隐藏起来,使工作表看起来整齐有条理。

操作说明如下。

① 选择"数据"选项卡→"排序和筛选"选项组→"筛选"命令。

② 在各列资料的第一列的单元格右方显示一个"自动筛选"按钮 ▼。

③ 单击位于 D2 单元格(性别列)中的自动筛选按钮,开启下拉列表,在下拉列表中会显示"全选"、"男"、"女",以及该列所包含的各个单元格内容。

④ 单击取消"女"前的对勾,保持"男"被选中,显示"筛选"的结果,"性别"为"女"的行被隐藏,如图 3-61 所示。

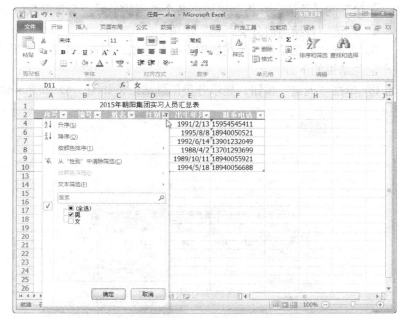

图 3-60 "排序选项"对话框   图 3-61 自动筛选

知识拓展

① 若只想在工作表的某一列上使用"筛选"功能,先选取单元格范围,再选择"数据"选项卡→"排序和筛选"选项组→"筛选"命令即可。

② 执行"自动筛选"功能后，原来"自动筛选"按钮 ▾ 会由原来的黑色改变为蓝色，行号也随着某几列的隐藏而使行号变得不连续，另外行号的颜色也由原来的黑色变为蓝色。

③ 如果要取消"自动筛选"功能，只要再单击"筛选"按钮即可。

④ 在筛选后执行打印，只打印筛选后的结果，被隐藏的结果不会被打印。

3．分类汇总

排序功能还可以配合 Excel 提供的分类汇总功能，对不同类别的数据进行汇总运算。在执行分类汇总前，需先对工作表中的数据进行排序，排序可将各个类别的归在一起，当执行分类汇总时，就可以分别对各个类别进行运算。

操作说明如下。

① 利用"排序"功能，将"职称"列做排序。

② 选择"数据"选项卡→"分级显示"→"分类汇总"菜单命令，出现"分类汇总"对话框。

③ 在"分类字段"下拉列表中，选择"职称"选项，分类汇总命令将以"职称"列来划分类别。

④ 在"汇总方式"下拉列表中，选择"平均值"函数。分类汇总命令将以"平均值"函数计算上一步骤中各个类别的内容。

⑤ 在"选定汇总项"中，勾选"年龄"选项。分类汇总命令将计算各个"职称"类别中的"年龄"的平均值，并将结果放在各个类别的最后一个年龄数值下方。

⑥ 勾选"替换当前分类汇总"选项。

⑦ 勾选"汇总结果显示在数据下方"选项，则 Excel 会将"平均值"摘要信息放在最后一个汇总结果的下方。

⑧ 单击"确定"按钮，显示分类汇总结果，如图 3-62 和图 3-63 所示。

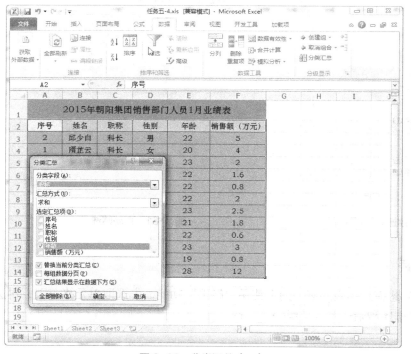

图 3-62　分类汇总（一）

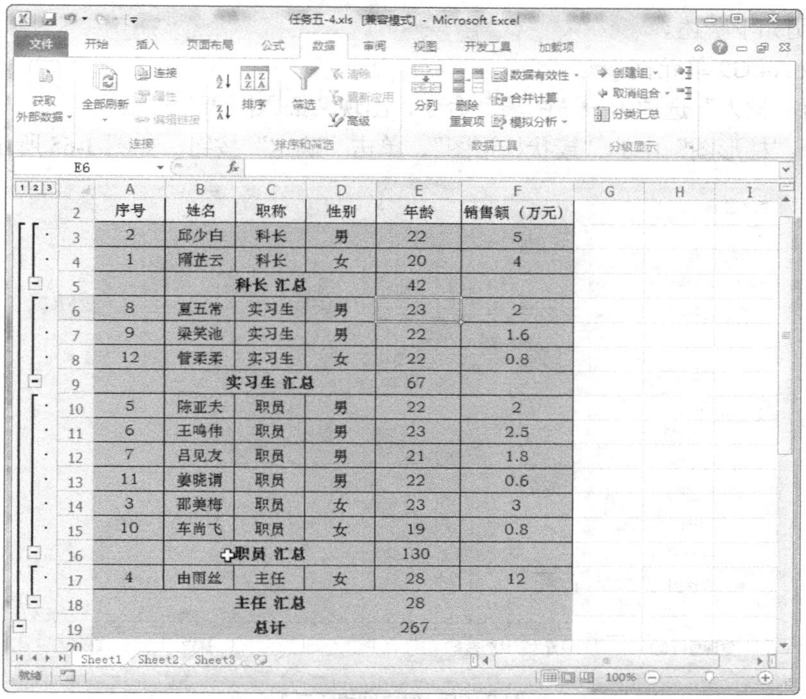

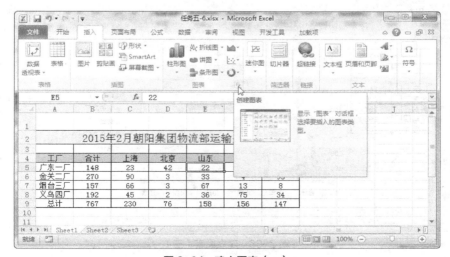

图 3-63　分类汇总（二）

知识链接

在"分类汇总"对话框中，勾选"每组数据分页"复选项，Excel 会在各类别后加上分页线。

要取消分类汇总结果，重复单击"分类汇总"按钮，开启"分类汇总"对话框，单击"全部删除"按钮。

4．建立图表

Excel 除了具有强大的计算功能外，还能够将数据制作成更具有表现力和可读性的图表，如图 3-64 所示。

图 3-64　建立图表（一）

操作说明如下所述。

① 选取 **A4:G9** 单元格

② 执行"插入"选项卡→"图表"命令，出现"插入图表"对话框。

③ 选择"柱形图"中的"簇状柱形图"，单击"确定"按钮，如图 3-65 所示。

图 3-65　建立图表（二）

④ 单击"布局"选项卡→"标签"选项组→"图表标题"按钮，从下拉列表中选择"图表上方"命令。

⑤ 在图表区的"图表标题"中输入"2015 年 2 月朝阳集团物流部运输费用"，如图 3-66 所示。

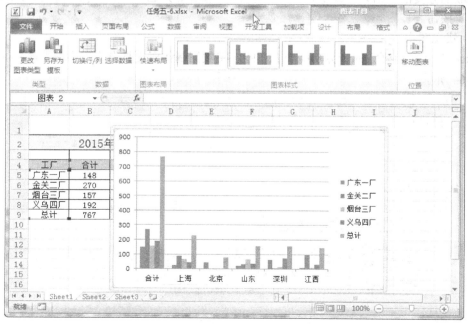

图 3-66　建立图表（三）

⑥ 单击"标签"选项组→"坐标轴标题"按钮，从下拉列表中选择"主要横坐标轴标题"→"坐标轴下方标题"选项，如图 3-67 所示。

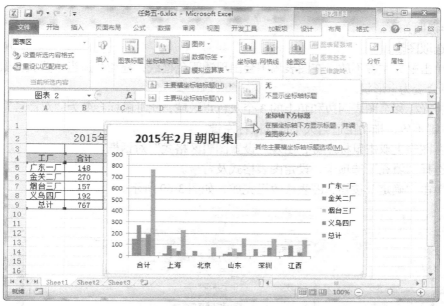

图 3-67　建立图表（四）

⑦ 在图表区"坐标轴标题"中输入"部门"。
⑧ 同样选择"主要纵坐标轴标题"→"竖排标题"选项，如图 3-68 所示。

图 3-68　建立图表（五）

⑨ 在图表区"坐标轴标题"中输入"费用"。
⑩ 单击工作区空白处，完成图表的建立。

5．调整、移动图表

有时图表建立完成后，可能无法完全符合所需，这时可以对图表进行修改或者调整大小及位置。

操作说明如下。

① 选取图表。

② 单击鼠标左键不放，在图表周围会出现透明色框线，拖动至适当位置放开鼠标左键，此时光标会变为✥形状。

③ 将光标移至图表四边和角上的 3 个灰色点区域，此时鼠标会变为"双箭号"形状，按住鼠标左键不放，拖动至适当大小放开鼠标左键。

④ 在图表上双击鼠标左键，出现"设置图表区格式"对话框。

⑤ 选择"填充"选项卡，设定图表格式及背景。

⑥ 单击"确定"按钮，图表修改已完成，如图 3-69 所示。

图 3-69 调整图表样式

知识拓展

要修改图标内的字体、颜色大小等，可在选取图表区对应内容后，使用"格式"工具栏上的字体相关按钮，即可改变图标内的文字格式。

当对坐标轴显示的刻度数值不满意时，可以直接在坐标轴上单击鼠标右键，选择"设置坐标轴格式"选项，出现"设置坐标轴格式"对话框，在"刻度"选项卡中自行设定坐标轴刻度，如图 3-70 所示。

图 3-70　"设置坐标轴格式"对话框

6．更改图表类型

图表具有较好的视觉效果，每一种图表类型都有其代表意义。如果所建立的图表不能表达出资料中数据的差异和趋势，那么可以更改图表类型来适应数据表达的不同要求。

操作说明如下。

① 在图标空白处单击鼠标左键以选取图表，在"设计"选项卡→"类型"选型组中单击"更改图表类型"按钮。

② 在出现的"更改图表类型"对话框中选择"折线图"。

③ 完成图表类型的更改，如图 3-71 所示。

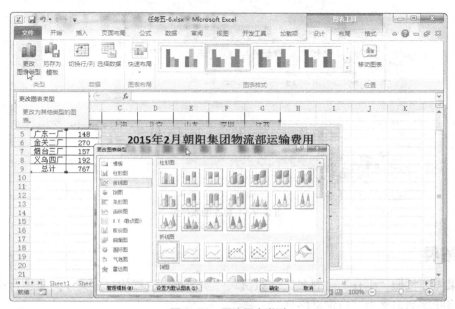

图 3-71　更改图表类型

知识链接

选中图表区域后，可以使用"设计"选项卡中的"图表样式"等按钮来快速对图表进行美化修饰，如图 3-72 所示。

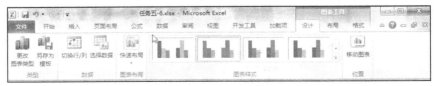

图 3-72　图表样式按钮

5.4　任务实施

根据以上知识的学习，打开"2015 年朝阳集团销售部门人员 1 月业绩表.xlsx"，进行操作。

步骤一

排序。

● 选择"1 月业绩排序表"。

● 选中含有数据的任意单元格，选择"数据"选项卡中的"排序"命令。

● 在"排序"对话框中，设置"主要关键字"为"销售额（万元）"，"降序"排列，然后设置"次要关键字"为"年龄"，"升序"排列。

● 单击"确定"按钮，如图 3-73 所示。

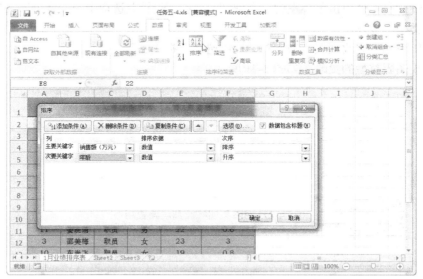

图 3-73　更改图表类型

知识拓展

如果需要按照"主任"、"科长"、"职员"、"实习生"这样的自定义序列来进行排序，可以提前将此序列定义为"自定义序列"。

选择"文件"→"选项"菜单命令，在 Excel 选项对话框中选择"高级"选项卡，向下拉动滚动条，找到"常规"→"编辑自定义序列"选项，在新序列中输入上述序列，单击"添加"按钮。

单击"排序"对话框中的"选项"按钮，从"自定义序列"下拉列表中选择刚刚定义的序列，进行排序，如图 3-74 所示。

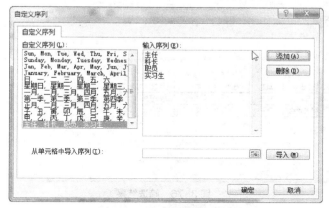

图 3-74　选择自定义序列

步骤二

筛选。

筛选出"年龄大于 21 且小于 25 岁"并且"销售额（万元）大于 2.5"的个人。

● 选择"1 月业绩筛选表"。

● 单击"数据"选项卡→"筛选"按钮。

● 单击标题"年龄"旁的下拉列表，选择"数字筛选"中的"介于"命令。

● 在"自定义自动筛选方式"对话框中选择输入"年龄"大于 21，"与"小于 25。

● 单击标题"销售额（万元）"旁的下拉列表，选择"数字筛选"中的"自定义筛选"命令，如图 3-75 所示。

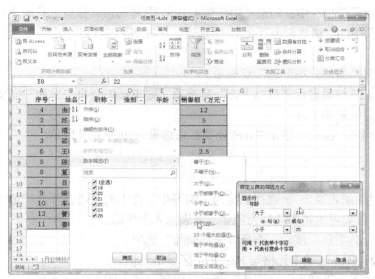

图 3-75　筛选

- 在出现的"自定义自动筛选方式"对话框中选择输入"销售额（万元）"大于 2.5。
- 单击"确定"按钮，设定完毕。

在原有资料区域显示了满足"年龄大于 21 并且小于 25 岁"并且"销售额（万元）大于 2.5"的行，如图 3-76 所示。

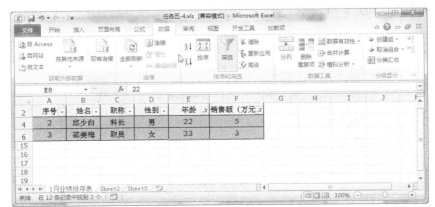

图 3-76　筛选结果

步骤三

分类汇总。

根据性别对 1 月的销售额进行求和分类汇总。

- 单击"筛选"按钮，取消自动筛选。
- 对"性别"列进行排序。
- 单击"数据"选项卡→"分类汇总"按钮，出现"分类汇总"对话框。
- 在"分类字段"下拉列表中，选择"性别"选项，分类汇总命令将以"性别"列来划分类别。
- 在"汇总方式"下拉列表中，选择"求和"函数。分类汇总命令将以"求和"函数计算上一步骤中各个类别的内容。
- 在"选定汇总项"中，勾选"销售额（万元）"复选项。分类汇总命令将计算各个"性别"类别中的"销售额（万元）"的总值，并将结果放在各个类别的最后一个销售额数值下方。
- 勾选"替换当前分类汇总"复选项。
- 勾选"汇总结果显示在数据下方"复选项，则 Excel 会将"求和"摘要信息放在最后一个汇总结果的下方。
- 单击"确定"按钮，显示 Excel 分类汇总结果，如图 3-77 所示。

步骤四

建立图表。

使用"1 月业绩表原表"，选择职称为"实习生"行中的"姓名"与"销售额"建立簇状柱形图，以"1 月实习生销售额"为独立工作表插入工作簿。

- 单击"分类汇总"按钮，选择"全部删除"选项。
- 选取 B2：B14 区域单元格与 F2：F14 区域单元格。
- 执行"插入"选项卡→"图表"命令，出现"插入图表"对话框。

- 选择"柱形图"中的"簇状柱形图"选项，单击"确定"按钮。
- 选择"布局"选项卡→"标签"选项组→"图表标题"命令，从下拉列表中选择"图表上方"命令。
- 在图表区的"图表标题"中输入"1 月销售额"。
- 单击"标签"选项组→"坐标轴标题"按钮，从下拉列表中选择"主要横坐标轴标题"→"坐标轴下方标题"选项。
- 在图表区"坐标轴标题"中输入"姓名"。
- 同样选择"主要纵坐标轴标题"→"竖排标题"选项，输入纵坐标标题"销售额（万元）"
- 完成图表的建立，如图 3-78 所示。

图 3-77 分类汇总

图 3-78 插入图表

至此，2015 年朝阳集团销售部门人员 1 月业绩表的排序和图表制作工作全部完毕。

PART 4

项目 4
PowerPoint 2010
的使用

任务 1　创建"母亲节"演示文稿

学习目标

- 了解 PowerPoint 2010 的组成
- 掌握演示文稿的创建、打开、保存、关闭
- 掌握幻灯片的动画效果和幻灯片的切换效果
- 掌握幻灯片的基本操作
- 熟悉幻灯片外观的修饰和内容的编辑

1.1　任务描述

小王同学准备参加学校举办的母亲节诗歌朗诵比赛,她打算制作一个配合自己诗朗诵的演示文稿,演示文稿里要包含感人的文字、抒情的音乐和精美的图片,用来增加气氛,突出效果。

1.2　任务分析

PowerPoint 是一个强大的制作演示文稿的应用程序,使用它可以创建包含文本、图像、声音、视频及其他各种多媒体效果的演示文稿。小王要朗诵的诗歌根据内容分为两部分:一部分表达对母亲的感激之情,另一部分对母亲进行深情的祝福。我们可以使用 PowerPoint 2010 将这两部分内容制作成 6 张幻灯片,把小王前期准备的文字、图片和音乐通过这 6 张幻灯片配合诗歌朗诵进行播放。

1.3　相关知识

1. PowerPoint 2010 中常见的概念

PowerPoint 是 Microsoft 公司出品的办公软件系列重要组件之一,它是功能强大的演示文稿制作软件,可协助用户独自或联机创建永恒的视觉效果。它增强了多媒体支持功能,利用

Power Point 制作的文稿，可以通过不同的方式播放，也可将演示文稿打印成一页一页的幻灯片，使用幻灯片机或投影仪播放，可以将演示文稿保存到光盘中以进行分发，并可在幻灯片放映过程中播放音频流或视频流。PowerPoint 2010 对用户界面进行了改进，并增强了对智能标记的支持，可以更加便捷地查看和创建高品质的演示文稿。

（1）幻灯片

简单地说来，幻灯片是为了更加直观地表述演讲者的观点，在播放演示文稿时我们所看到的一幅幅图文并茂的图片。

（2）演示文稿

演示文稿是 PowerPoint 引入的概念，它由一系列组合在一起的幻灯片组成。幻灯片可以包括标题、详细的说明文字、形象的数字和图表、生动的图片图像，以及动感的多媒体组件等元素。

2．PowerPoint 2010 的新功能与特点

PowerPoint 2010 在原版本的基础上，其功能有了更进一步的增强，主要体现在以下几个方面。

（1）在线主题

PowerPoint 2010 在主题获取上更加丰富，除了内置的几十款主题之外，还可以直接下载网络主题，极大地扩充了幻灯片的美化范畴，在操作上也变得更加便捷。

（2）广播幻灯片

广播幻灯片是 PowerPoint 2010 中新增加的一项功能，该功能允许其他用户通过互联网同步观看主机的幻灯片播放，类似于电子教室中经常使用的视频广播等应用。

（3）新增的"切换"功能

在 PowerPoint 2007 中，对象的特效与幻灯片的特效同属一个标签中，在使用时，难免会存在动画数量不够或操作不方便等问题。而 PowerPoint 2010 中，特别新增加了一个"切换"标签与"动画"标签，分别负责"换页"和"对象"的动画设置。

（4）录制演示

"录制演示"功能可以说是"排练计时"的强化版，大大提高了新版幻灯片的互动性。这项功能使得用户不仅能够观看幻灯片，还能够听到讲解等，给用户以身临其境、如同处在会议现场的感受。

（5）音/视频编辑功能

PowerPoint 2010 内置了丰富的音、视频编辑功能，可以很容易地对已插入影音执行修正，其中最大的亮点就是便捷的音/视频截取功能和预览影像功能。

（6）图形组合

制作图形时，可能需要使用不同的组合形式，如联合、交集、打孔和裁切等。在 PowerPoint 2010 中也加入了这项功能，但默认没有显示在功能区中，使用时需要使用"自定义功能区"功能进行添加。

（7）文档压缩

为了方便用户存储、播放幻灯片，PowerPoint 2010 中还提供了针对不同应用环境的文档压缩功能，该功能对于包含有大量图片的幻灯片效果尤其明显。

（8）Backstage 视图

PowerPoint 2010 中的"文件"标签与 PowerPoint 2007 中的"Office"按钮是对应的，单

击"文件"标签，就会切换到 Backstage 视图，在 Backstage 视图中可以管理演示文稿和有关演示文稿的相关数据、信息等。

3．PowerPoint 2010 的基本操作

（1）启动 PowerPoint 2010 的方法

启动 PowerPoint 2010 的方法有 3 种：一是通过"开始"菜单启动；二是通过桌面快捷方式启动；三是通过打开已有的 PowerPoint 演示文稿启动。

我们通过"开始"菜单启动。单击屏幕左下角的"开始"菜单按钮，在弹出的菜单中选择"所有程序"→"Microsoft Office"→"Microsoft Office PowerPoint 2010"命令，即可以启动 PowerPoint 应用程序。类似操作可以启动 Office 2010 中的其他程序。PowerPoint 启动后，屏幕上将显示 PowerPoint 2010 的工作界面，如图 4-1 所示。

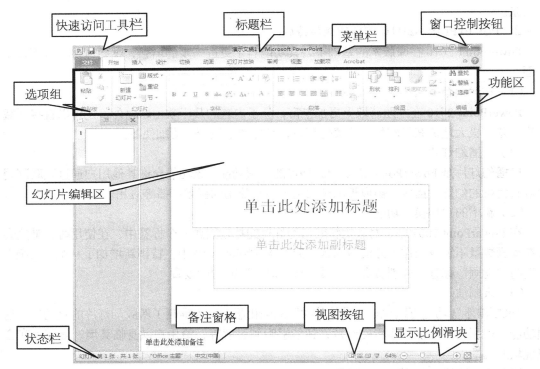

图 4-1　PowerPoint 2010 工作界面

PowerPoint 2010 工作窗口主要包括标题栏、快速访问工具栏、菜单栏、功能区、幻灯片编辑区、状态栏、备注窗格等。

① 标题栏：在窗口的最上方显示文档的名称。

② 窗口控制按钮：它的左端显示控制菜单按钮图标，其后显示文档名称，它的右端显示最小化、最大化或还原和关闭按钮图标。

③ 快速访问工具栏：显示在标题栏最左侧，包含一组独立于当前所显示选项卡的选项，是一个可以自定义的工具栏，可以在快读访问工具栏添加一些最常用的按钮。

④ 菜单栏：显示 PowerPoint 2010 所有的菜单选项，如文件、开始、插入、设计、切换、幻灯片放映、审阅和视图菜单。

⑤ 功能区：功能区中显示每个菜单中包括的选项组，这些选项组中包含具体的功能按钮。

⑥ 幻灯片编辑区：设计与编辑 PowerPoint 文字、图片、图形等的区域。

⑦ 备注窗格：用于添加与幻灯片内容相关的注释，供演讲者演示文稿时参考。

⑧ 状态栏：显示当前状态信息，如页数和所使用的设计模板等。

⑨ 视图按钮：可以切换不同的视图效果对幻灯片进行查看。

⑩ 显示比例滑块：用于显示文稿编辑区的显示比例，拖动显示比例滑块即可放大或缩小演示文稿显示比例。

（2）新建演示文稿

① 新建空白演示文稿。

PowerPoint 2010 从空白文稿出发建立演示文稿，用户可以根据自己的需要来制作一个独特的演示文稿。创建空白演示文稿的操作如下。

选择"文件"→"新建"→"演示文稿"命令，立即创建一个新的空白演示文稿，如图 4-2 所示。

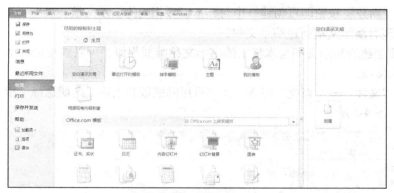

图 4-2　新建空白演示文稿

知识链接

新创建的空白演示文稿，其临时文件名为"演示文稿 1"，如果是第二次创建空白演示文稿，其临时文件名为"演示文稿 2"，其他的文件名依此类推。

② 根据现有模板新建演示文稿。

根据 PowerPoint 2010 内置模板新建演示文稿，新演示文稿的内容与选择的模板内容完全相同。

a. 单击"文件"→"新建"标签，在右侧选中"样本模板"，如图 4-3 所示。

图 4-3　选择样本模板

b. 在"样本模板"列表中选择适合的模板，如"项目状态报告"，如图 4-4 所示。

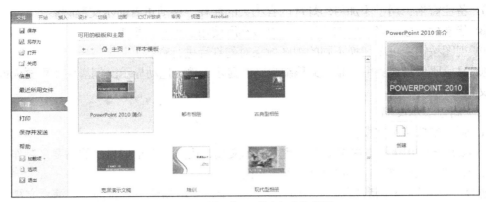

图 4-4　选择"项目状态报告"模板

c. 单击"新建"按钮即可创建一个与样本模板相同的演示文稿。

③ 根据现有演示文稿新建演示文稿。

如果想要创建的演示文稿与本机上的演示文稿类型相似，可以直接依据本机上的演示文稿来新建演示文稿。

a. 单击"文件"→"新建"标签，在"可用的模板和主题"区域选择"根据现有内容新建"选项，如图 4-5 所示。

图 4-5　选择"根据现有内容新建"选项

b. 打开"根据现有演示文稿新建"对话框，找到需要使用的演示文稿存在路径并选中，如图 4-6 所示。

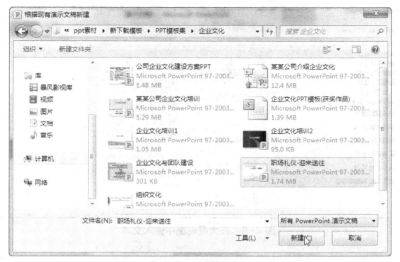

图 4-6　找到现有内容

  c. 单击"新建"按钮，即可根据现有演示文稿创建新演示文稿。

  （3）创建幻灯片

  ① 添加新幻灯片。

  在演示文稿中，通过选择"开始"→"新建幻灯片"→"**Office** 主题"命令，可在当前幻灯片后创建一张所需版式的新幻灯片。

知识链接

  将已有演示文稿的幻灯片复制到当前演示文稿。打开目标演示文稿，选择插入幻灯片位置，选择"开始"→"新建幻灯片"→"重用幻灯片"→浏览已有演示文稿。在找到的演示文稿中，右键单击任意一张幻灯片，选择"插入所有幻灯片"命令即可。

  ② 文字输入与复制文本。

  a. 在占位符中输入文本。

  ● 在打开的 **PowerPoint** 演示文稿中，中间有"单击此处添加标题"的文字称为占位符，如图 4-7 所示。

  ● 将光标置于其中，输入文本，一般为标题性文字。

  b. 在大纲视图中输入文本。

  ● 打开演示文稿，在其界面中功能区左侧下方单击"大纲"按钮，即可进入"大纲"窗格。

  ● 在"大纲"窗格中，将光标至于需要输入文本的地方，输入需要文字即可，如图 4-8 所示。

图 4-7　在占位符中输入文本

图 4-8　在大纲试图中输入文本

知识链接

在"大纲"视图中还可以按 Backspace 键删除不需要的文字。如果删除一张幻灯片上的所有文字之后，则会提示是否删除整张幻灯片，用户可以根据需要确定。

c. 通过文本框输入文本。

● 在 PowerPoint 主界面中，在"插入"→"文本"选项组中单击"文本框"下拉按钮（见图 4-9），在其下拉菜单中选择"横排文本框"或"竖排文本框"选项，单击即可插入。

● 在文本框中输入文字，如图 4-10 所示。

图 4-9　插入文本框

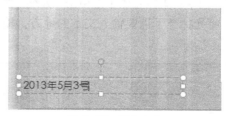

图 4-10　输入文本

d. 添加备注文本。

在 PowerPoint 主界面中，将光标置于备注文本框中，输入文字即可，如图 4-11 所示。

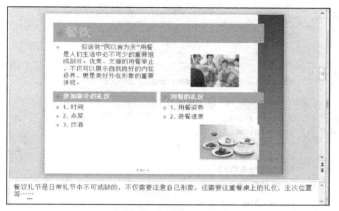

图 4-11 在备注页中输入文本

③ 编辑文本内容。

a. 选择文本。

● 打开演示文稿，按 **Ctrl+A** 快捷键即可选中整个演示文稿。

● 打开演示文稿，按 **Ctrl+Home** 快捷键，将光标移至演示文稿首部，再按 **Ctrl+Shift+End** 组合键，即可选中整篇演示文稿。

● 打开演示文稿，按 **Ctrl+End** 快捷键，将光标移至演示文稿尾部，再按 **Ctrl+Shift+Home** 组合键，即可选中整篇演示文稿。

b. 复制与移动文本。

● 在 PowerPoint 2010 主界面中，选中文本，按 **Ctrl+C** 快捷键，或者用鼠标右击，在属性对话框中单击"复制"按钮。

● 在幻灯片的合适位置用鼠标右击，在弹出的属性对话框中选择"粘帖"命令，即可移动文本。

c. 删除与撤销删除文本。

● 在幻灯片中，选择需要删除的文本后按 **Backspace** 键，即可快速删除文本。

● 撤销删除的文本，只需要在演示文稿主界面的顶部单击按钮 ⌣·，即可快速撤销删除的文本。

④ 编辑占位符。

占位符就是先占住一个固定的位置，用于幻灯片上就表现为一个虚框，虚框内往往有"单击此处添加标题"之类的提示语，一旦鼠标单击之后，提示语会自动消失，在其中输入文字会带有固定的格式。

a. 利用占位符自动调整文本。

在占位符中输入文本，其格式就与占位符的文本格式相一致，即"华文新魏（标题），44"。

b. 取消占位符自动调整文本。

● 在 PowerPoint 2010 主界面中，单击"文件"→"选项"标签。

● 在弹出的"PowerPoint 选项"对话框中单击"校对"按钮，在右侧窗口单击"自动更正按钮"按钮，如图 4-12 所示。

● 在弹出的"自动更正"对话框中单击"键入时自动套用格式"选项卡，在"键入时应用"栏下，清除对"根据占位符自动调整标题文本"和"根据占位符自动调整正文文本"复选框的勾选，单击"确定"按钮即可，如图 4-13 所示。

图 4-12　"PowerPoint 选项"对话框

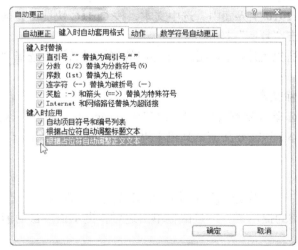

图 4-13　取消自动调整文本

⑤ 设置字体格式。

在设计 PowerPoint 演示文稿时，对文本的修饰看似简单，但要做到简约而不简单十分不易，需要靠用户根据实际情况灵活应变。

a. 通过"字体"栏设置文本格式。

通过"字体"栏设置文本格式方便快捷，具体操作如下。

● 在幻灯片中选择需要设置格式的文本，在"开始"→"字体"选项组中进行设置，如图 4-14 所示。

● 例如在其中可以选择"加粗","文字阴影","黑色",设置完成后的效果如图 4-15 所示。

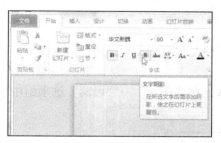

图 4-14　设置字体格式

图 4-15　设置后的效果

b. 通过浮动工具栏设置文本格式。

所谓浮动工具栏，即是鼠标右击或选择文本之后，鼠标指针在其上停留几秒钟便可以弹出的字体对话框。用户可以在其中设置字体格式。

● 在幻灯片中选择需要设置格式的文本，鼠标在其上停留几秒钟，弹出浮动工具栏。

● 在其中可以选择"倾斜""华文新魏""72""黑色"，设置完成后的效果如图 4-16 所示。

图 4-16　通过浮动工具栏设置

⑥ 字体对话框设置。

选择文本之后用鼠标右击，不仅可以弹出浮动工具栏，还可以弹出属性对话框，用户可以通过其设置文本格式。

a. 在幻灯片中选择需要设置格式的文本，在"开始"→"字体"选项组单击 按钮。

b. 打开"字体"对话框，可以在对话框中设置文字的字形、字号、字体颜色、下划线，以及各种效果，如图 4-17 所示。

图 4-17　在"字体"对话框中设置

⑦ 设置段落格式。

在设计演示文稿的过程中，为了让输入的大段文字更加美观，用户除了设置文本的对齐方式，还可以设置文本段落行间距。

a. 对齐方式设置。

在设计演示文稿的过程中，为了让输入的大段文字更加美观，用户可以设置文本的对齐方式。

在幻灯片中，选中需要设置对齐方式的文本，在"开始"→"段落"选项组中单击选择合适的对齐方式，如中部对齐，如图4-18所示。

图4-18 选择对其方式

b. 行间距设置。

在幻灯片中，选中需要设置对齐方式段落行间距的文本，在"开始"→"段落"选项组中单击 按钮，在其下拉菜单中选择"2.0"，如图4-19所示，即可设置行间距为2.0。

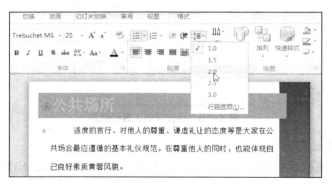

图4-19 设置段落行间距

⑧ 段落对话框设置。

段落缩进是指段落中的行相对于页面左边界或右边界的位置，在对演示文稿中的文字进行设置时，可以通过"段落"对话框来设置文字的段落格式。

a. 缩进设置。

● 将光标定位到要设置的段落中，在"开始"→"段落"选项组单击 按钮，打开"段落"对话框。切换到"缩进和段落"选项卡，在"缩进"栏设置"文本之前"尺寸，如图4-20所示。

● 单击"确定"按钮，完成段落的缩进设置。

b. 悬挂缩进。

● 将光标定位到要设置的段落中，打开"段落"对话框，切换到"缩进和间距"选项卡，在"缩进"栏"特殊格式"下拉列表中选择"悬挂缩进"选项，接着在"文本之前"和"度量值"文本框中分别输入数值，如图4-21所示。

● 单击"确定"按钮，完成段落的悬挂设置。

图 4-20 "段落"对话框

c. 首行缩进。

● 将光标定位到要设置的段落中，打开"段落"对话框。切换到"缩进和间距"选项卡，在"缩进"栏"特殊格式"下拉列表中选择"首行缩进"选项，接着在"文本之前"和"度量值"文本框中分别输入数值，如图 4-22 所示。

图 4-21 悬挂缩进

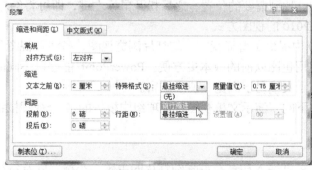

图 4-22 首行缩进

● 单击"确定"按钮，完成段落的首行设置。

（4）艺术字、图片、表格、图表的插入与编辑

在 PowerPoint 中，艺术字、图片、表格、图表的插入与编辑，和 Word 或 Excel 中的方法基本上是一样的，可参考 Word 或 Excel 中的相关操作。

（5）音频和视频的插入

为了使幻灯片更加活泼、生动，还可以在幻灯片中插入视频和音频。在幻灯片视图中选择幻灯片，选择"插入"→"媒体"命令，可以选择"视频"和"音频"选项。如果选择"音

频"选项，那么打开相应的级联菜单包括："文件中的音频"、"剪贴画音频"和"录制音频"。可根据需要选择是自动播放还是单击时播放。

插入影片视频的方法和插入音频类似，在幻灯片视图中选择幻灯片，选择"插入"→"视频"命令中相应的级联菜单；用户可以使用"文件中的视频"、"来自网站的视频"和"剪贴画视频"。插入视频文件后，将会出现相应的图标，用户可根据需要选择是自动播放还是单击时播放。

（6）编辑幻灯片

① 选择幻灯片。

如果选择单张幻灯片，用鼠标单击它即可。如果选择多张连续的幻灯片，可先单击第一张幻灯片，之后按住 Shift 键，再单击要选择的最后一张幻灯片即可。如果选择的是不连续的多个幻灯片，可按住 Ctrl 键，再单击要选择的幻灯片即可。

② 删除幻灯片。

选择要删除的幻灯片，然后按下键盘上的 Del 键，或选择"编辑"→"删除幻灯片"命令即可。如果误删除了某张幻灯片，使用"常用"工具栏中的"撤销"按钮，就可恢复。

③ 复制幻灯片。

使用"复制"和"粘贴"命令。

使用"复制"和"粘贴"命令时，选择需要复制的幻灯片，选择"开始"→"复制"命令，再将指针移到要粘贴的位置，最后选择"开始"→"粘贴"命令。该方法只能在幻灯片浏览视图或普通视图方式下才能使用。

④ 移动幻灯片。

移动幻灯片可以用"剪切"和"粘贴"命令来改变顺序，其操作步骤与使用"复制"和"粘贴"命令相似，只不过用"剪切"命令代替"复制"命令。

另一种快速移动幻灯片的方法是：切换到幻灯片浏览视图，选择要移动的幻灯片后，按住鼠标左键，拖动幻灯片到需要的位置，之后松开鼠标左键，即可将幻灯片移到新位置。

（7）PowerPoint 2010 的视图方式

PowerPoint 2010 中提供了普通视图、幻灯片浏览视图、备注页视图和阅读视图，各视图间的集成更合理，使用也比以前的版本更方便。PowerPoint 能够以不同的视图方式来显示演示文稿的内容，使演示文稿易于浏览，便于编辑。

在视图选项标签下的"演示文稿视图"选项组中横排的 4 个视图按钮，利用它们可以在各视图间切换。

① 普通视图。

在普通视图中，可以输入和查看每张幻灯片的主题、小标题以及备注，并且可以移动幻灯片图像和备注页方框，或改变它们的大小。

② 幻灯片浏览视图。

在幻灯片浏览视图中可以同时显示多张幻灯片，也可以看到整个演示文稿，因此可以轻松地添加、删除、复制和移动幻灯片。还可以使用"幻灯片浏览"工具栏中的按钮来设置幻灯片的放映时间，选择幻灯片的动画切换方式。幻灯片浏览视图如图 4-23 所示。

③ 备注页视图。

在备注页视图中，可以输入演讲者的备注。其中，幻灯片缩图下方带有备注页方框，可以通过单击该方框来输入备注文字。当然，用户也可以在普通视图中输入备注文字。备注页视图如图 4-24 所示。

④ 阅读视图。

单击"视图"选项卡中"演示文稿视图"选项组中的"阅读视图"按钮，进入放映视图，如图 4-25 所示。

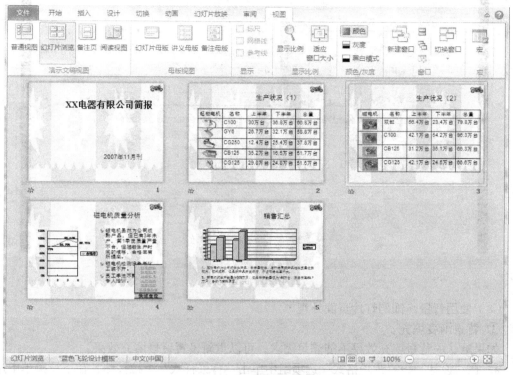

图 4-23　幻灯片浏览视图

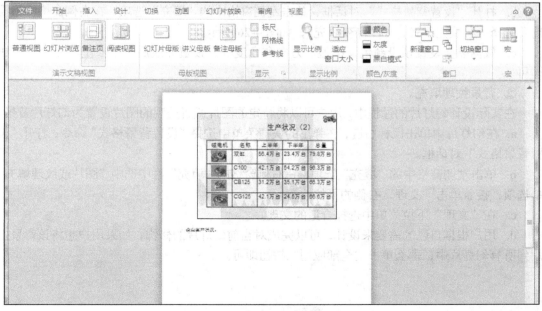

图 4-24　备注页视图

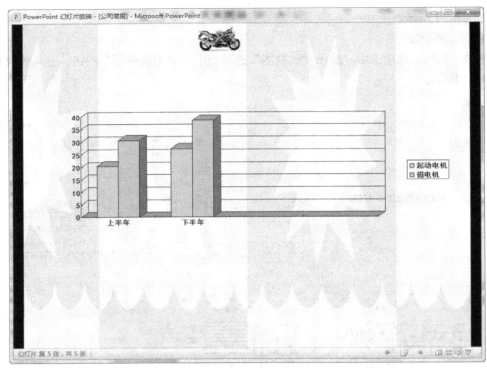

图 4-25　阅读视图

（8）使用背景修饰幻灯片页面外观

① 背景渐变填充。

如果默认的背景填充效果不能满足需求，可以重新设置背景填充效果。

a. 在"设计"→"背景格式"选项组中单击"背景样式"下拉按钮，在下拉菜单中选择"设置背景格式"命令。

b. 打开"设置背景格式"对话框，单击左侧窗格中的"填充"选项，在右侧窗格中根据需要选择一种填充样式，如"渐变填充"，如图 4-26 所示。

c. 根据需要设置预设颜色、类型、方向和角度等，设置完成后单击"全部应用"按钮即可。

② 背景纹理填充。

在实际设计幻灯片的过程中，用户可以将特定的图片或者美观的图片设置为幻灯片背景。

a. 在幻灯片中单击鼠标右键，在弹出的快捷菜单中选择"设置背景格式"命令，打开"设置背景格式"对话框。

b. 单击左侧窗格中的"填充"选项，在右侧窗格的"填充"栏中选中"图片或纹理填充"单选项，接着单击"文理"右侧的下拉按钮。

c. 在"文理"下拉菜单中选择合适的文理。

d. 用户根据自己的需要来设计，可以完成对当前幻灯片的修饰，如果用户想将该背景应用到所有幻灯片中，那么单击"全部应用"按钮即可。

图 4-26 "设置背景格式"对话框

（9）幻灯片母版的设计

幻灯片母版是指存储有关应用的设计模板信息的幻灯片，包括字形、占位符大小或位置、背景设计和配色方案，包含标题样式和文本样式。

① 插入、删除与重命名幻灯片母版。

用户在幻灯片中插入、删除与重命名幻灯片母版，可以通过以下方法进行操作。

a. 在幻灯片母版视图中，在"编辑母版"选项组中单击"插入幻灯片母版"按钮，如图 4-27 所示。

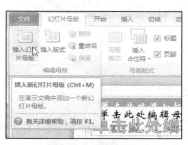

图 4-27 单击"插入幻灯片母版"按钮

b. 插入幻灯片母版之后，具体效果如图 4-28 所示。

图 4-28 插入的母版

c. 在"编辑母版"选项组中单击"重命名"按钮（见图 4-29），在弹出的"重命名版式"对话框中输入合适的母版名称，单击"重命名"按钮，如图 4-30 所示。

图 4-29 重命名母版

图 4-30 输入母版名称

d. 在"编辑母版"选项组中单击"删除"按钮，即可删除幻灯片母版。

② 修改母版。

用户在设计演示文稿的过程中，如果对系统自带的母版版式不满意，可以进行修改，如添加图片占位符。

在 PowerPoint 2010 主界面中，在"视图"→"母版版式"选项组中单击"插入占位符"下拉按钮，在其下拉菜单中选择"图片"命令，如图 4-31 所示。

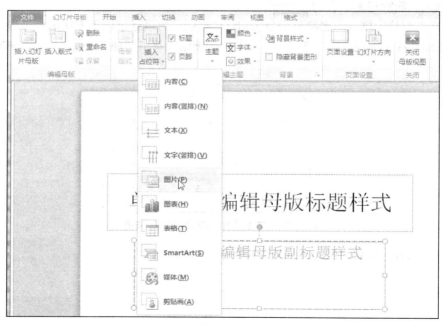

图 4-31 插入"图片"占位符

③ 设置母版背景。

在设计幻灯片母版的过程中，用户还可以设置幻灯片母版的背景。

a. 在幻灯片母版视图中，在"背景"选项组中单击"背景样式"下拉按钮。

b. 在弹出的下拉菜单中选择一种背景颜色，如图 4-32 所示。

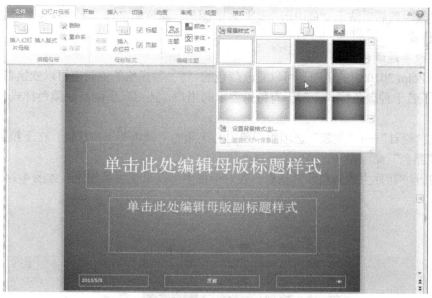

图 4-32　设置母版背景颜色

（10）应用幻灯片主题

幻灯片的主题一般包括幻灯片的主题颜色、主题字体与主题效果，以及主题设计方案等方面，在实际操作中，应用相当普遍。

① 快速应用主题。

默认情况下，新建的演示文稿主题是"空白页"，这样显得比较单调和呆板，用户可以通过如下方法快速应用程序内置的主题。

a. 打开需要应用主题的演示文稿，在"设计"→"主题"选项组中单击右下角的 按钮。

b. 在弹出的菜单中选择一款合适的主题样式，这里选择蓝色风格的"流畅"，如图 4-33 所示。

图 4-33　选择需要应用的主题

c. 更改主题后，演示文稿中所有幻灯片的图形、颜色和字体、字号等也变成了新更换的主题中的样式。

② 更改主题颜色。

PowerPoint 2010 中的主题是可以更改颜色的，每一种风格的主题都可以变换若干种颜色。程序内置了若干种颜色样式，对于有特殊要求的用户，还可以手动新建颜色样式，设置起来非常灵活。

a. 在"设计"→"主题"选项组中单击右上角的"颜色"下拉按钮，在下拉菜单中选择"新建主题颜色"命令。

b. 打开"新建主题颜色"对话框，在对话框中可以设置主题颜色，如图 4-34 所示。

图 4-34　新建主题颜色

c. 在"设计"→"主题"选项组中单击右上角的"字体"下拉按钮，在下拉菜单中选择"新建主题字体"命令，在打开的"新建主题字体"对话框中可以设置主题的字体样式，如图 4-35 所示。

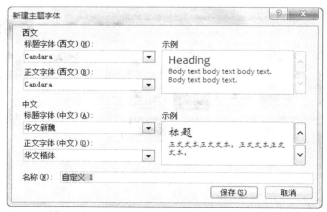

图 4-35　新建主题字体

（11）设置幻灯片动画效果

① 动画方案。

使用动画可以让受众将注意力集中在要点和控制信息流上，还可以提高受众对演示文稿的兴趣。在 PowerPoint 2010 中可以创建包括进入、强调、退出、路径等不同类型的动画效果。

a. 创建进入动画。

● 打开演示文稿，选中要设置进入动画效果的文字或图片。

● 在"动画"→"动画"选项组中单击 按钮，在弹出的下拉列表中"进入"栏下选择进入动画，如"飞入"，如图 4-36 所示。

● 添加动画效果后，文字对象前面将显示动画编号 ⬜ 标记，如图 4-37 所示。

图 4-36　选择动画样式

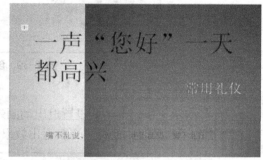

图 4-37　创建进入动画

b. 创建强调动画。

● 打开演示文稿，选中要设置强调动画效果的文字，然后在"动画"选项组中单击 按钮，在弹出的下拉列表"强调"栏下选择强调动画，如"下划线"，如图 4-38 所示。

● 添加动画效果后，在预览时可以看到在文字下添加了下划线，如图 4-39 所示。

图 4-38　选择动画样式

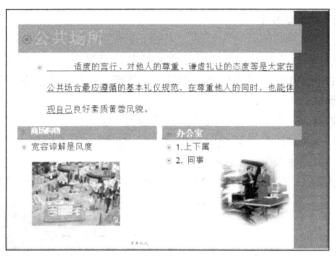

图 4-39　创建强调动画

② 创建退出动画。

a. 打开演示文稿，选中要设置退出动画效果的文字，然后在"动画"选项组中单击 按钮，在弹出的下拉列表中选择"更多退出效果"，如图 4-40 所示。

图 4-40　选择"更多退出效果"

b. 打开"更改退出效果"对话框，选择"消失"退出效果，单击"确定"按钮即可，如图 4-41 所示。

图 4-41 选择要退出的效果

知识链接

用相同的方法可创建路径动作动画。如果想要为不同对象设置相同的动画，可以按住 Shift 键选中对象，然后按以上方法设置动画即可。

③ 添加高级动画。

动画效果是 PowerPoint 功能中的重要部分，使用动画效果可以制作出栩栩如生的幻灯片，用户可以在动画窗格中设置动画的播放时间等。

a. 在"动画"→"高级动画"选项组中单击"动画窗格"按钮，打开动画窗格，如图 4-42 所示。

图 4-42 打开"动画窗格"

b. 单击"谢谢支持"动画右侧的下拉按钮，在下拉菜单中选择"效果选项"命令，如图 4-43 所示。

c. 打开"飞入"对话框，在"计时"选项卡下的"期间"文本框中设置动画播放的时间，如图 4-44 所示。

图 4-43　选择"效果选项"

图 4-44　设置动画播放时间

d. 单击"确定"按钮，完成设置动画播放时间。

④ 设置幻灯片间的切换效果。

放映幻灯片时，在上一张播放完毕后若直接进入下一张，将显得僵硬、死板，因此有必要设置幻灯片切换效果。

a. 单击要设置切换效果的幻灯片的空白处，将其选中。

b. 在"切换"→"切换到此幻灯片"选项组中单击 按钮，在下拉菜单中选择"百叶窗"，如图 4-45 所示，在"切换"→"切换到此幻灯片"选项组中单击"效果选项"下拉按钮，在下拉菜单中选择"水平"命令（见图 4-46），即可设置切换效果。

图 4-45　选择切换效果

图 4-46　选择切换效果样式

（12）保存演示文稿

创建演示文稿并对其进行编辑后，需要将演示文稿保存到计算机上的指定位置。

① 选择"文件"→"另存为"命令，如图 4-47 所示。

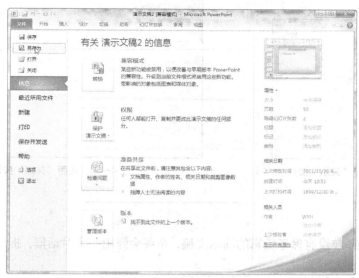

图 4-47   选择"另存为"命令

② 打开"另存为"对话框，设置文件的保存位置，在"文件名"文本框中输入要保存文稿的名称，如图 4-48 所示。

③ 单击"保存"按钮，即可保存演示文稿。

（13）退出 PowerPoint 2010

① 打开 Microsoft Office PowerPoint 2010 程序后，单击程序右上角的"关闭"按钮，可以快速退出主程序，如图 4-49 所示。

② 打开 Microsoft Office PowerPoint 2010 程序后，右击"开始"菜单栏中的任务窗口，打开快捷菜单，单击"关闭"按钮，可快速关闭当前开启的 PowerPoint 演示文稿，如果同时开启较多演示文稿，可用该方式分别进行关闭，如图 4-50 所示。

③ 直接按 Alt+F4 快捷键。

图 4-48   设置保存文件名和位置

图 4-49　单击"关闭"按钮

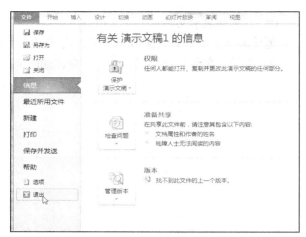

图 4-50　使用"关闭"按钮

知识链接

退出应用程序前没有保存编辑的演示文稿，系统会弹出一个对话框，提示保存演示文稿。

1.4　任务实施

1．新建一个的空白演示文稿

打开 PowerPoint 2010，即新建一个空白的演示文稿，如图 4-51 所示。

图 4-51　空白演示文稿

2．设计幻灯片的标题母版和幻灯片母版

因为该演示文稿共有 6 张幻灯片，但除了第一张和最后一张以外，其余的 4 张幻灯片的

背景和其中的文本格式都相同，所以我们可以利用母版来完成。具体步骤如下。

① 选择"视图"→"幻灯片母版"命令，进入幻灯片母版视图。在"幻灯片母版视图"中，有 **Office** 主题幻灯片母版、标题幻灯片母版，以及其他版式的幻灯片母版，如图 4-52 所示。

图 4-52 标题母版和幻灯片母版

② 选中标题幻灯片母版，用右键单击，选择"设置背景格式"→"填充"→"图片或纹理填充"命令，单击"插入自文件"按钮，把素材中的"第四章素材"中的"背景 1"图片按要求导入，如图 4-53 所示。

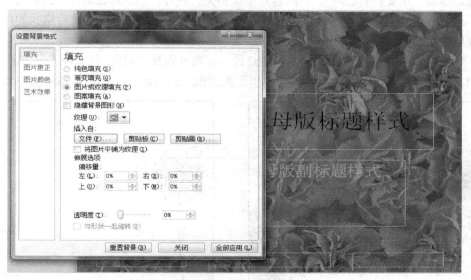

图 4-53 导入背景图片

③ 用鼠标选中"单击此处编辑母版标题样式"占位符，用右键单击→"字体"，字体名

选择"方正舒体"，字号选择"54"，字形选择"加粗"，颜色选择"黄色"。用鼠标选中"单击此处编辑母版副标题样式"占位符，操作过程与前面相同，只是字号选择"44"即可。

④ 选中"幻灯片母版"，用同样的方法导入素材中的"第四张素材"中的"背景2"图片。用鼠标选中"单击此处编辑母版标题样式"占位符，操作过程与上步一样，只是字体名选"隶书"，字号选择"44"，颜色选"红色"即可。

⑤ 单击"关闭母版视图"按钮，进入幻灯片的普通视图环境下。在"幻灯片版式"窗格中，为第一张幻灯片选择图1-18"标题幻灯片"版式。在该幻灯片的标题处输入"献给全天下慈祥的母亲"，在副标题处输入"制作者：王宁"即可，效果如图4-54所示。

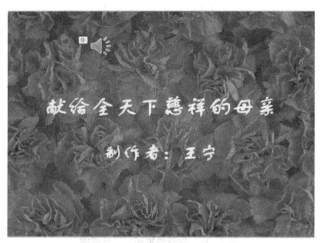

图4-54 标题幻灯片

3．设计内容幻灯片

选择"开始"→"新建幻灯片"命令，在"幻灯片版式"窗口中选择图4-55所示的版式。在标题处添加"儿女们的心声"，在内容处添加相关的内容。如果对该幻灯片的标题或内容的格式不满意，可以选中文本内容，用右键单击，在"字体"对话窗口中进行格式的修改，操作过程与前面相同。

下面的操作与前面相同，添加3张幻灯片，标题分别是"妈妈 您辛苦了"、"谢谢您 妈妈"和"妈妈 我永远爱您"，相关的内容也添加到相应的位置上。如图4-56～图4-58所示。

图4-55 内容幻灯片一

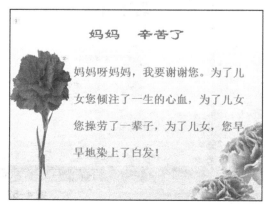

图4-56 内容幻灯片二

图 4-57　内容幻灯片三

图 4-58　内容幻灯片四

4．设计最后一张幻灯片

选择"开始"→"新建幻灯片"命令，在"幻灯片版式"窗口中选择"空白"。为了让结尾的幻灯片与前面的不同，用右键单击该幻灯片，单击"设置背景格式"按钮，与步骤二的相同的操作，将"背景 3"图片导入。选择"插入"→"图片"命令，将素材中的"母亲"图片导入，适当地调整其大小，并将它拖放在左边。选择"插入"→"文本框"→"横排文本框"命令，在其中输入《游子吟》这首诗，用同样的方法，添加另外两个文本框，分别输入祝福母亲的话语和制作日期。此处对图片和文本框的相关操作在 Word 中已经讲过，在此也不再赘述，效果如图 4-59 所示。

图 4-59　内容幻灯片五

5．添加音乐

为演示文稿加背景音乐，选择第一个幻灯片，选择"插入"→"音频"→"文件中的音频"命令，将素材中的"母亲.wma"作为背景音乐，然后单击"插入"按钮。选中"小喇叭"图标，在"音频工具"中单击"播放"按钮，如果选择"放映时隐藏"命令，那么在播放幻灯片的时候，图标就会隐藏。如果想在播放不同幻灯片的时候，音乐连续播放，那么就选择"跨幻灯片播放"即可，如图 4-60 所示。

图 4-60　开始播放声音对话框

知识链接

为了避免出现音乐播放结束，而幻灯片却没有播放完的情况。可在"音频工具"的"播放"菜单中，勾选"循环播放，直到停止"选项即可。

6．为幻灯片中的元素添加相应的动画效果

① 前 5 张的动画效果相似，现以第二张幻灯片为例，首先用鼠标选中"儿女的心声"，在"动画"窗口中，单击"进入"中的"圆形展开"效果，在"计时"中的"开始"和"持续时间"选项中，设定的参数分别是"单击时"和"03.00"。其次用同样的方法为幻灯片的其他内容添加"自定义动画"效果，如图 4-61 所示。

图 4-61　"动画"窗口界面

② 最后一张幻灯片除了有进入的效果，还有退出的效果。"进入"效果的设定与前面相同，在此不再赘述。选中"母亲"图片，在"动画"窗口中，选择"退出"→"圆形扩展"命令，在"开始"和"速度"选项中，设定的参数分别是"单击"和"05.00"。其他内容的退出效果与其相似，如图 4-62 所示。

图 4-62 第六张幻灯片的"动画窗格"窗口

7. 添加幻灯片的切换效果

选择第一张幻灯片,在"切换"中选择"分割",在"持续时间"中选择 03.00,在"换片方式"中选择"单击鼠标"。如果想让所有的幻灯片都是相同的切换效果,就单击"全部应用"按钮即可,否则该切换效果只应用于该幻灯片,如图 4-63 所示。

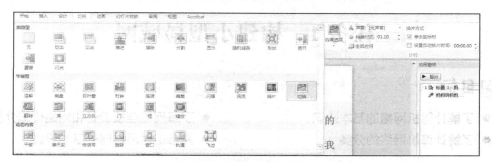

图 4-63 设置幻灯片切换效果

8. 保存演示文稿

选择"文件"→"保存"命令或"另存为"命令,打开"另存为"对话框,将该文件保存在指定的路径下,并取名为"母亲节",单击"确定"按钮。

至此,一个简单的"母亲节"演示文稿制作完毕。

知识链接

我们还可以把这次的演示文稿以"演示文稿设计模板"类型保存下来,即扩展名是 potx。这样以后可以把它应用到其他的演示文稿当中。

按 F5 键来播放演示文稿,观看其效果。

PART 5

项目 5
网络基础应用

任务 1　构建小型局域网

学习目标

- 了解计算机网络的基本知识
- 了解计算机网络的分类
- 了解网络连接设备和网络传输介质
- 熟悉组建局域网的基本设置

1.1　任务描述

　　小王同事的计算机硬盘上存储了好多的音乐、电影和游戏，这些资源小王都很喜欢，可是自己计算机的硬盘空间却所剩无几，如何能在自己的计算机上使用这些资源，又不占用自己计算机的空间，是目前小王迫切要解决的问题。

1.2　任务分析

　　随着计算机网络技术的发展和提高，搭建局域网变得更加简单和方便。局域网是目前最常见、应用最广的一种网络。对于小王的问题，就可以通过构建一个局域网以实现资源共享来解决。

1.3　相关知识

1．网络中常见的概念

（1）计算机网络

计算机网络是指由两台或两台以上具有独立功能的计算机通过传输介质、网络设备及软件相互连接在一起，利用一定的通信协议进行通信的计算机集合体。

（2）网络协议

网络协议是计算机在网络中实现通信时必须遵守的约定，也就是通信协议。通俗地讲，网络协议就是网络之间沟通、交流的桥梁，只有相同网络协议的计算机才能进行信息的沟通与交流。这就好比人与人之间交流所使用的各种语言一样，只有使用相同的语言才能正常、顺利地进行交流。

知识拓展

TCP/IP 协议是目前无论局域网，还是广域网都广泛使用的一种最重要的网络通信协议。如我们进行因特网连接，就必须知道对方的 IP 地址或域名，这里的 IP 地址和域名，其实就是 TCP/IP 协议规定的。TCP/IP 协议包括两个子协议：TCP 协议（Transmission Control Protocol，传输控制协议）和 IP 协议（Internet Protocol，因特网协议），在这两个子协议中又包括许多应用型的协议和服务，使得 TCP/IP 协议的功能非常强大。在最新版的 Windows 操作系统中，几乎都要安装 TCP/IP 协议，才可以与以前版本的 Windows 操作系统实现网络互联。

2．计算机网络的分类

计算机网络的分类标准有很多，其中能较好地反映出网络的本质特征的方法是按网络所覆盖的地理范围来划分，依照这种方法可以将计算机网络划分为以下几种。

① 局域网（LAN，Local Area Network）。在局部地区范围内的网络，所覆盖的地区范围较小（从几百米到几公里），如一个公司、一个家庭等。这是最常见、应用最广的一种网络。

② 城域网（MAN，Metropolitan Area Network）。在一座城市、不在同一小区地理范围内的计算机互联，它主要应用于政府机构和商业机构。这种网络的连接距离可以是 10km～100km，在地理范围上是局域网的延伸。

③ 广域网（WAN，Wide Area Network）。又叫远程网，一般用于不同城市之间的 LAN 或者 MAN 网络互联，地理范围从几百千米到几千千米。

④ 因特网（Internet）。因特网可以说是最大的广域网，它将世界各地的广域网、局域网等互联起来，形成一个整体，实现全球范围内的数据通信和资源共享。

3．计算机网络的传输介质

传输介质是网络中发送方与接收方之间的物理通路。常用的有线传输介质有：双绞线、同轴电缆、光纤。

（1）双绞线

双绞线由两根绝缘导线相互缠绕而成，将一对或多对双绞线放置在一个保护套内，便成了双绞线电缆。绞合的次数越多，抵消干扰的能力就越强。由于其价格低廉，因此在局域网中被广泛采用。

（2）同轴电缆

同轴电缆是由一根空心的外圆柱导体和一根位于中心轴线的内导线组成的。内导线和圆柱导体及外界之间用绝缘材料隔开。同轴电缆具有抗干扰能力强、连接简单等特点，信息传输速率可达每秒几百兆 Bit，通常用于传送基带信号。

（3）光纤

光纤又称为光缆或光导纤维，由光导纤维纤芯、玻璃网层和能吸收光线的外壳组成。光纤具有不受外界电磁场的影响、无限制的带宽等特点，可以实现每秒几十兆 Bit 的数据传送速率，尺寸小、重量轻，数据可传送几百千米，但成本较高。

知识拓展

蓝牙（Bluetooth）是目前比较流行的一种短距离无线通信技术，与红外通信技术不同的是，红外通信通过红外光线传输数据，而蓝牙是通过频率为 2.4GH 的微波来传输数据，微波传输的特性决定了蓝牙技术的特点，其通信距离可达数十米甚至百米（手机与蓝牙耳机 6~8m、手机与手机之间 8~10m、一些蓝牙网关和适配器 100m 左右），可以绕过障碍物甚至穿透障碍物传输，而且还可以同时连接多个通信对象。

蓝牙能在包括移动电话、PDA、无线耳机、笔记本计算机、相关外设等众多设备之间进行无线信息交换。

4．网络连接设备

（1）网卡

网卡也叫网络适配卡（Network Interface Card，NIC），属于网络连接设备，用于将通信电缆和计算机连接起来，以便于经电缆在计算机之间进行高速数据传输，因此每台连接到局域网的计算机都需要安装网卡。

（2）交换机

交换机（Switch）是集线器的换代产品，用来连接网络中的各个节点设备，它的功能是在通信系统中完成信息的交换。

（3）路由器

路由器（Router）属于网际互联设备，它能够在复杂的网络环境中完成数据包的传送工作，把数据包按照一条最优先的路径发送至目的地的网路。

1.4 任务实施

构建小型局域网可以按以下步骤进行。

（1）准备工作

检查联网用的设备：网线、网钳、RJ-45 接头、网卡、交换机、路由器（连接外网）。

（2）布线

采用图 5-1 所示的结构。

图 5-1 布线结构图

（3）双绞线网线的制作

双绞线两端连接 RJ-45 接头，连接方法可以遵循两种标准：EIA/TIA 568A 标准和 EIA/TIA 568B 标准。两种标准中双绞线的颜色、连接 RJ-45 的引脚号的情况见表 5-1。

表 5-1　双绞线的颜色及连接 RJ-45 的引脚号

RJ-45 的引脚号		1	2	3	4	5	6	7	8
EIA/TIA 568A	颜色	绿白	绿	橙白	蓝	蓝白	橙	棕白	棕
EIA/TIA 568B	颜色	橙白	橙	绿白	蓝	蓝白	绿	棕白	棕

双绞线网线的制作是把双绞线的 4 对 8 芯网线按一定规则插入到水晶头中，用专用压线钳压紧即可。

直通网线如图 5-2 所示，网线的两头采用相同的线序，我们两端都采用 B 线序。该网线通常用于通过交换机连接各台计算机。

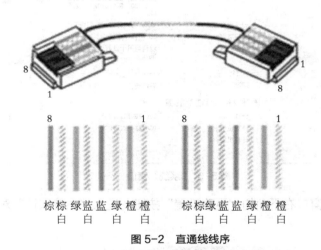

图 5-2　直通线线序

知识拓展

交叉网线即一端采用 A 线序，另一端采用 B 线序。它一般用在交换机之间的级连或两台计算机直接连接等情况。

事实上，还有一种反转线线序，即双绞线其中一端按 1-8 顺序颠倒线序。这种接法的网线主要用于计算机直接连接交换机或路由器的 Console 口进行配置的场合，并不多见。需要注意的是，接线的线序也要注意设备的端口形式，比如是普通端口还是级联端口。

（4）安装网卡和驱动程序

打开计算机安装并固定网卡；启动计算机，安装网卡的驱动程序。

（5）设置计算机网络标识

Windows 7 操作系统利用网络标识来区分网络上的计算机，包括计算机名和工作组两项内容，设置如下。

① 在"计算机"图标上单击鼠标右键，选择属性选项，或者在控制面板中双击"系统"图标，打开"系统"窗口，如图 5-3 所示。

图 5-3 "系统"窗口

② 单击"系统"窗口右下角的"更改设置"按钮，进入"系统属性"对话框，如图 5-4 所示。

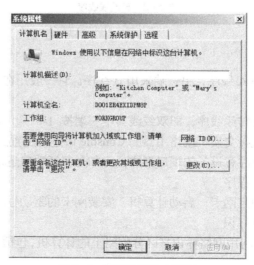

图 5-4 "系统属性"对话框

③ 在"系统属性"对话框的"计算机名"选项卡中，显示了当前的网络上表示该计算机的名称和所在的工作组，单击"更改"按钮，弹出"计算机名/域更改"对话框，如图 5-5 所示。

④ 在"计算机名/域更改"对话框中输入用户为计算机定义的新名称，以及用户希望加入的工作组的名称。

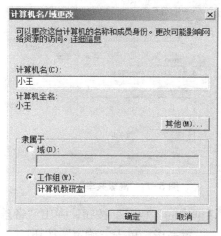

图 5-5 "计算机名/域更改"对话框

知识链接

在同一工作组中，每台计算机必须有不同的计算机名，否则网络将无法正确识别计算机。如果网络中的计算机较多，可将计算机合理地分为几组，使用户能更加方便地访问其他计算机。

（6）共享设置资源

如需要向网络中的其他成员提供共享服务，让其他成员访问本地资源，还必须设置资源共享。

设置共享文件夹的方法如下。

① 设置共享文件夹：在要设置"音乐"文件夹图标上右击，在弹出的快捷菜单中选择"属性"命令，弹出"音乐属性"对话框，选择"共享"选项卡，如图5-6所示。

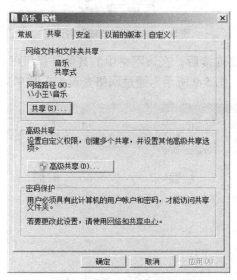

图 5-6 "音乐属性"对话框

② 在图 5-6 中单击"高级共享"按钮打开"高级共享"对话框，如图 5-7 所示。

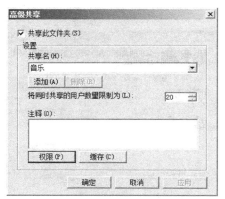

图 5-7 "高级共享"对话框

③单击"高级共享"对话框中的"权限"按钮，弹出"音乐的权限"对话框，如图 5-8 所示，对权限进行相关设置。设置完毕，单击"确定"按钮。

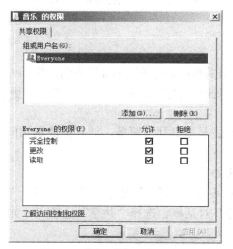

图 5-8 "音乐的权限"对话框

当该计算机与某个网络连接后，在该网络中的其他计算机可以通过"网络"来查看或使用该共享文件夹中的文件，图 5-9 所示为通过网络查看音乐共享文件夹。

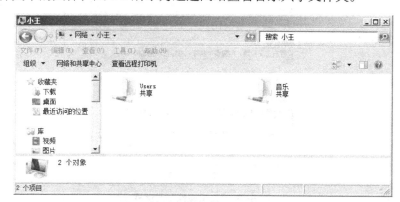

图 5-9 查看音乐共享文件夹窗口

对于驱动器的共享设置与文件夹的共享设置相似。

知识链接

工作中，可以为某个共享文件夹分配一个驱动器号，该驱动器称为映射网络驱动器。使用映射网络驱动器会让用户感觉就像操作本机的磁盘一样方便地操作网络上的共享文件夹。要将共享文件夹映射为网络驱动器可以按如下操作：通过网上邻居找到要映射为网络驱动器的共享文件夹，在文件夹图标上单击鼠标右键，选择"映射网络驱动器"选项，打开"映射网络驱动器"对话框，依次进行操作即可。

（7）设置 IP 地址

使用 TCP/IP 协议组网，网络中的每台计算机都要安装 TCP/IP 协议。如果要与互联网连接，需要每台计算机拥有唯一的 IP 地址。

IP 地址的设置如下所述。

① 在"网络"上单击鼠标右键，在弹出的快捷菜单中选择"属性"命令，弹出"网络和共享中心"窗口，如图 5-10 所示。

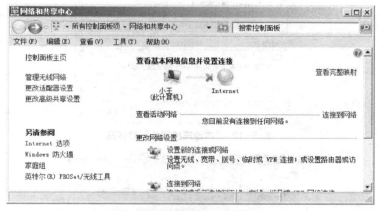

图 5-10 "网络和共享中心"窗口

② 在"网络和共享中心"窗口中，单击"更改适配器设置"按钮，弹出"网络连接"窗口，如图 5-11 所示。

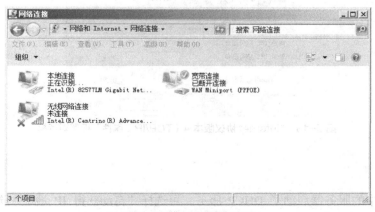

图 5-11 "网络连接"窗口

③ "网络连接"窗口中，右击"本地连接"选项，在弹出的快捷菜单中选择"属性"选项，弹出"本地连接属性"对话框，如图 5-12 所示。

在图 5-13 中选择"Internet 协议版本 4（TCP/IP）"选项，单击"属性"按钮，弹出"Internet 协议（TCP/IP）属性"对话框。在该对话框的"常规"选项卡中有"自动获得 IP 地址"和"使用下面的 IP 地址"两个单选项，选择"使用下面的 IP 地址"单选项，这里以"192.168.3.20"作为本机的 IP 地址，子网掩码为"255.255.255.0"。

若要连接 Internet，需设置"默认网关"地址（如 192.168.3.1）和"首选 DNS 服务器"地址（如 202.102.152.3），设置完成后如图 5-13 所示。

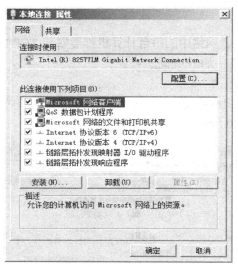

图 5-12 "本地连接属性"对话框

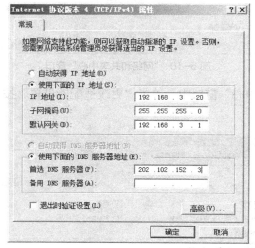

图 5-13 "Internet 协议版本 4（TCP/IP）属性"设置对话框

知识链接

如果网络中的服务器启动了 DHCP 服务，可选择"自动获得 IP 地址"选项。如果没有 DHCP 服务器，或者需要固定的 IP 地址，可选择"使用下面的 IP 地址"选项，并在"IP 地址"和"子网掩码"文本框中输入相应的 IP 地址、子网掩码（用于划分子网）。

网关又称协议转换器，是软件和硬件的结合产品。它的作用是对两个网络段中使用不同传输协议的数据进行互相地翻译转换。

DNS（Domain Name System）是"域名系统"的英文缩写，它用于 TCP/IP 网络，主要用来通过用户亲切而友好的名称代替枯燥而难记的 IP 地址，以定位相应的计算机和服务。要想让亲切而友好的名称能被网络所认识，就需要在名称和 IP 地址之间有一位"翻译官"，它能将相关的域名翻译成网络能接受的相应的 IP 地址，DNS 就是这样一位翻译官。

任务 2　利用 Internet 搜索与下载资料

学习目标

- 了解网络浏览器的设置
- 熟悉网络浏览器的使用
- 掌握搜索引擎的使用
- 掌握下载软件的使用

2.1　任务描述

小王要在小明生日到来之际举办生日 Party，给他一个惊喜。在生日 Party 所需材料的清单上，小王列出了一些比较特别的内容：电子生日贺卡一张（具备生日贺词、生肖图片）、生日 Party 主持词电子版、生日 Party 背景音乐，以及播放音乐的"千千静听"软件等。

2.2　任务分析

Internet 为我们提供了丰富的信息资源和多姿多彩的生活方式。Internet 的价值不在于其庞大的规模或所应用的技术含量，而在于其所蕴涵的海量的信息资源和方便快捷的通信方式。使用 Internet 可以解决文本、图片和多媒体文件的搜索与下载问题。

2.3　相关知识

常见的概念

（1）WWW 服务器

WWW 是英文词组 World Wide Web 的简称，也称 3W、Web，中文译为万维网。

万维网信息服务是采用客户机/服务器模式进行的，这是因特网上很多网络服务所采用的工作模式。在用 Web 浏览网页时，作为客户机的本地机首先与远程的一台 WWW 服务器建立连接，并向该服务器发出申请，请求发送过来一个网页文件。WWW 服务器负责存放和管理大量的网页文件信息，并负责监听和查看是否有从客户端过来的连接，一旦建立连接，客户机发出一个请求，服务器就发回一个应答，然后断开连接。程序运行在服务器上，管理着提供浏览的文档。

（2）网络浏览器

网络浏览器（以下简称浏览器）是对 Internet 信息进行浏览时所使用的客户端工具软件，它可以向服务器发出请求，并对服务器传送来的信息进行显示和播放。常见的浏览器有 Internet Explorer（IE 浏览器）、Maxthon（傲游浏览器）和 Firefox（火狐浏览器）等。

（3）网址

在使用浏览器浏览信息时，我们必须先指定要浏览的 WWW 服务器的地址，即网址，又称统一资源定位器（URL），它的一般格式为：

协议://主机名/路径/文件名

协议通常不用输入，由系统自动添加，一般用 HTTP 作为默认协议。

2.4 任务实施

网上搜索与下载资料的操作步骤如下所述。

1．打开相关网站

① 启动浏览器。双击桌面上的 360 安全浏览器图标，打开工作窗口，如图 5-14 所示。

图 5-14 IE 工作窗口

② 输入要访问的网址。在 IE 地址栏中输入"http://www.baidu.com"，按回车键或单击地址栏后面的"转到"按钮，打开百度首页，如图 5-15 所示。

知识链接

在 Internet 上，有一些专门为用户提供信息检索的网站，这些专业网站提供的搜索工具称为"搜索引擎"。常用的搜索引擎有百度（全球最大的中文搜索引擎）、谷歌（全球最大的搜索引擎）等。

在众多的搜索工具中，百度是一个检索内容丰富、访问速度快、功能齐全的中文搜索引擎。百度为用户提供了几种不同类型数据的搜索页面，包括新闻、网页、MP3 和图片等。

图 5-15　百度首页

2．搜索并保存文本

①　在百度首页的功能列表中选择"网页"，在下面的文本框中输入要查找的内容的关键词"生日晚会主持词"，按回车键，或单击"百度一下"按钮开始网页搜索，得到的结果是包含了指定关键词的网页地址，如图 5-16 所示。

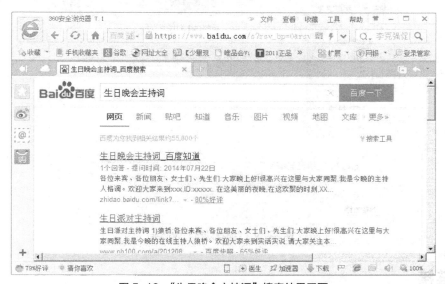

图 5-16　"生日晚会主持词"搜索结果网页

②　单击搜索结果页面的链接标题，打开搜索的网页，查看有关主持词的信息，找到合适的资料，如图 5-17 所示。

③　保存主持词。网页中文本的保存可以采用将网页内容中所需的部分"复制"后，"粘贴"到 Word 文档中，并进行整理的方法；也可以直接利用 IE 的保存命令将整个网页保存下来。在这里，我们以保存网页的方式保存主持词，具体操作如下。

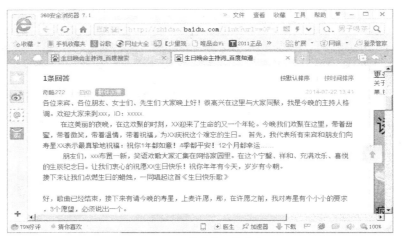

图 5-17　搜索的具体内容

选择所选网页"文件"→"保存网页..."命令，弹出"另存为"对话框，如图 5-18 所示，在"保存在"下拉列表框中选择保存位置为 F 盘下的"生日晚会准备资料"文件夹，在"文件名"文本框中输入网页的保存名称"生日晚会主持词"，在"保存类型"的下拉列表框中选择"网页，全部"选项，以网页的形式保存，最后单击"保存"按钮。

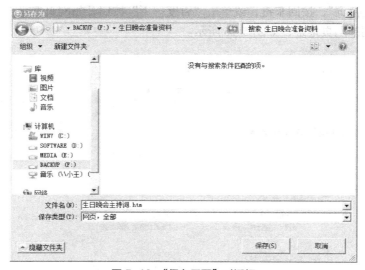

图 5-18　"保存网页"对话框

知识链接

保存网页时，可以在对话框中选择文件的各种保存类型：选择"Web 页，仅 HTML"，则网页保存成 HTML 文件，没有图像、声音等文件；选择"文本文件"，则只保存网页上的文字信息，其他格式和图片等多媒体信息不被保留；选择"Web 电子邮件档案"，则保留了当前网页中的全部内容，并将这些信息保存在 MIME 编码的文件中，该选项必须在安装了 Outlook Express 6.0 后才能使用。可以根据保存内容的需要，选择不同的保存类型。

准备再次浏览保存网页中的内容时，双击保存的网页文件，即可启动 IE，并显示网页全部内容。

除了以上网页保存方法，其实也可以在要保存的网页窗口中，选择收藏夹中的"保存到收藏夹"命令，在弹出的对话框中输入保存该网页的名字，下次想重新打开网页的时候，直接在收藏夹中查找即可。

3．搜索"牛"的相关图片并保存

① 在 360 安全浏览器首页图 5-15 或百度首页（见图 5-16）的功能列表中选择"图片"，然后在下面的文本框中输入要查找内容的关键词"牛卡通"，按回车键开始网页搜索，得到搜素结果的网页如图 5-19 所示。

图 5-19 "牛"图片搜索结果网页

② 在搜索结果网页中单击合适的"牛"图片链接，在弹出的网页中可以看到原始尺寸的图片。

③ 保存图片。找到符合要求的图片保存在硬盘，用鼠标右键单击所选的"牛"图片，在弹出的快捷菜单中选择"图片另存为"命令，如图 5-20 所示。在弹出的"保存图片"对话框中，选择合适的保存位置，输入文件名"牛"，"保存类型"选择"JPEG"，单击"保存"按钮。

图 5-20 "图片另存为"命令

4．搜索并直接下载音乐文件

（1）搜索"生日快乐歌"

在百度首页的功能列表中选择"音乐"，在下面的文本框中输入歌曲名称"生日快乐歌"，按回车键开始网页搜索，得到的搜索结果网页如图 5-21 所示。试听，如图 5-22 所示。

图 5-21　歌曲"生日快乐歌"搜索结果网页

图 5-22　播放音乐的网页

（2）下载歌曲"生日快乐歌"

可以直接保存下载，也可以使用下载软件下载。在这里，我们采用直接下载的方式下载歌曲，操作如下。

　　单击已验证的正确歌曲的链接，弹出具有下载链接的网页，如图 5-23 所示，直接用鼠标右键单击下载链接，在弹出的快捷菜单中选择"目标另存为..."命令，进行保存。

图 5-23　下载链接网页

5．搜索并使用下载工具进行工具软件下载

（1）搜索软件"千千静听"

弹出图 5-24 所示的搜索结果网页（搜索具体操作和前面的搜索类似，不再赘述）。

图 5-24　软件"千千静听"搜索结果网页

单击"立即下载"按钮，打开"新建下载任务"对话框，如图5-25所示。

图 5-25　软件"千千静听"下载网页

（2）下载软件"千千静听"

我们使用"迅雷"下载工具下载"千千静听"，操作如下。

单击图5-25所示的下载网页中的"使用迅雷下载"按钮，弹开"建立新的下载任务"对话框，如图5-26所示。在该对话框中修改文件名称为"千千静听"，并选择下载位置，单击"立即下载"按钮即可。

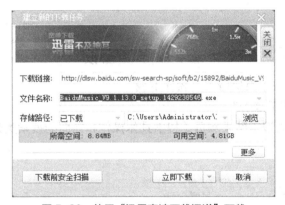

图 5-26　使用"迅雷高速下载通道"下载

知识拓展

360安全浏览器的属性设置。

启动360安全浏览器，选择360安全浏览器窗口中"工具"→"Internet选项"命令，弹出"Internet属性"对话框，如图5-27所示。利用对话框，可以对IE的属性进行设置。

设置安全级别，过程如下所述。

在享受Internet带来的种种方便的时候，也应该意识到Internet会带来潜在的危险，如通过Internet下载的文件可能会破坏存储在本地计算机上的数据或引入病毒。安全区域设置就是用来抵御来自网上不良影响的方法。

单击"Internet属性"对话框中"安全"选项卡，弹出图5-28所示的对话框，用户可以分别对不同的区域设置不同的安全级别。安全级别分为高、中、中低和低4个级别。安全级别越高，系统会得到越多的保护。其他设置与以上设置方法基本相同，可根据实际需要对IE进行设置。

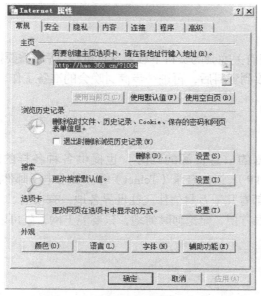

图 5-27 "Internet 属性"对话框

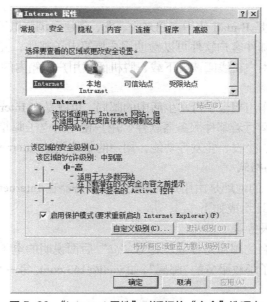

图 5-28 "Internet 属性"对话框的"安全"选项卡

任务 3 使用电子邮件

学习目标

- 了解电子邮件的格式
- 掌握如何获取电子邮箱
- 熟悉电子邮件的发送与接收
- 了解邮件客户端软件 Outlook 2010 的使用方法

3.1 任务描述

小明使用 Internet 把有关晚会的资料下载到计算机硬盘后，需要把这些资料发送到几个好朋友的邮箱里，等他们收到资料后，再进一步商讨晚会的准备工作。

3.2 任务分析

Internet 在拥有丰富的信息资源的同时，也提供各种各样的服务功能，如电子邮件（E-mail）、文件传输（FTP）、远程登录（Telnet）等。其中电子邮件服务（E-mail）是目前使用最广泛的应用，每天都有几千万封信件飞往世界各地，有家信、朋友问候，以及商务公函等。电子邮件使用起来很方便，无论何时何地，只要能上网，就可以通过 Internet 来收发。

3.3 相关知识

1．常见的概念

（1）客户端

Internet 上的客户端是 E-mail 使用者用来收、发、创建和浏览电子邮件的工具。在电子邮件客户端上运行的电子邮件客户软件可以帮助用户撰写电子邮件，并将电子邮件发送给相应的服务器端；可以协助用户在线阅读或下载、脱机阅读用户邮箱内的电子邮件。

（2）电子邮件服务器

电子邮件服务器的作用相当于日常生活中的邮局，也就是在 Internet 上充当"邮局"的计算机。在邮件服务器上运行着邮件服务器软件。用户使用的电子邮箱建立在邮件服务器上，借助它提供的邮件发送、接收、转发等功能，用户的邮件通过 Internet 被送到目的地。

2．电子邮件地址的格式

电子邮件（E-mail）的地址是由用户使用的网络服务器在 Internet 上的域名地址决定的。Internet 的电子邮箱的地址组成如下：

用户名@电子邮件服务器

它表示以用户名命名的邮箱是建立在符号"@"后面说明的电子邮件服务器上的，该服务器就是向用户提供电子邮政服务的"邮局"，如 yudi@163.com。每一个 E-mail 地址在 Internet 上都是唯一的。

3.4 任务实施

要利用电子邮箱收发信息就必须有一个电子邮箱，目前许多网站都提供免费的邮件服务功能，用户可以通过这些网站申请、接收和发送邮件。以"163"电子邮箱的操作来具体说明，具体操作分成以下几个步骤。

1．申请邮箱

① 在 IE 地址栏中输入"mail.163.com"，按回车键，进入网易电子邮箱的首页，如图 5-29 所示。

图 5-29　网易电子邮箱的首页

② 单击图 5-30 中的"注册"按钮，进入图 5-30 所示的界面，输入相关的信息。

图 5-30　填写用户名和用户信息

③ 根据提示，输入相关信息，申请成功，如图 5-31 所示。

2．收发电子邮件

（1）采用 Web 方式进行邮件的管理，以"163"邮箱为例介绍

① 邮箱申请成功后就可以登录进入以收发电子邮件了。打开网易邮箱首页，输入用户名和密码，单击"登录"按钮，进入 163 电子邮箱网页，如图 5-32 所示。

图 5-31 注册邮箱成功网页

图 5-32 网易电子邮箱网页

② 在图 5-32 中单击"收件箱"按钮，在图中主题相对应的信件上单击，便打开相应的邮件内容，如图 5-33 所示，如果想直接回复，单击"回复"按钮即可。

③ 如果需要写信，应单击"写信"按钮，即打开图 5-34 所示的网页。

④ 在图中分别输入收件人的邮箱地址、主题和信件的正文内容，如果需要添加附件，应

单击主题下面的"添加附件"按钮，会弹出图 5-35 所示的对话框，选择具体的文件，添加附件后的网页界面如图 5-36 所示。

 ⑤ 如果需要保存草稿，单击"存草稿"按钮，之后单击"发送"按钮。

 ⑥ 邮件发送成功，如图 5-37 所示。

图 5-33 读取邮件网页

图 5-34 编写邮件网页

图 5-35　添加附件

图 5-36　添加附件后的电子邮件

图 5-37　邮件发送成功网页

知识链接

如果需要发送多个附件，为方便操作，可以将几个文件放到一个文件夹中，压缩以后以一个压缩文件发送。

（2）使用 Outlook 进行邮件管理

Outlook 不是电子邮箱的提供者，它是 Windows 操作系统的一个收、发、写和管理电子邮件的自带软件，即收、发、写和管理电子邮件的工具，使用它收发电子邮件十分方便。通常我们在某个网站注册了自己的电子邮箱后，要收发电子邮件，需登入该网站，进入电邮网页，输入账户名和密码，然后进行电子邮件的收、发、写操作。

Outlook 2010 是 Microsoft Office 2010 套装软件的组件之一，可以用它来收发电子邮件、管理联系人信息、记日记、安排日程、分配任务。Microsoft Outlook 2010 提供了一些新特性和功能，可以帮助您与他人保持联系，并更好地管理时间和信息。

① 创建电子邮件账户。

a. 通过选择"开始"→"程序"→"Microsoft Office"→"Microsoft Outlook 2010"菜单命令，启动"Microsoft Outlook 2010"，如图 5-38 所示。

b. 启动"Microsoft Outlook 2010"，单击"下一步"按钮，如图 5-39 所示。

图 5-38　选择菜单命令

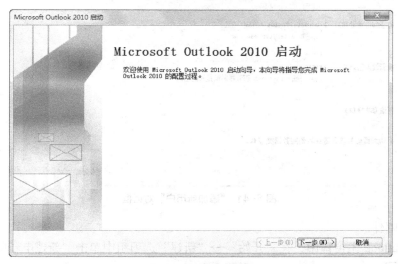

图 5-39　启动对话框

c. 打开"账户配置"对话框，在"电子邮件账户"栏下选中"是"单选钮，然后单击"下一步"按钮，如图 5-40 所示。

d. 打开"添加新账户"对话框，选中"电子邮件账户"单选按钮，填入姓名、电子邮件地址、密码等信息，单击"下一步"按钮，根据窗口中的提示完成电子邮件账户的设置，如图 5-41 所示。

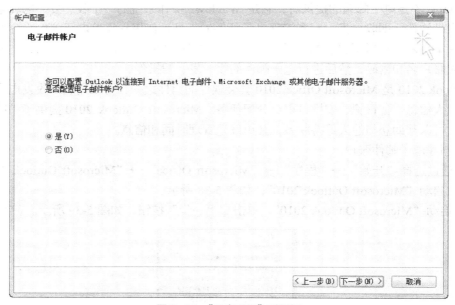

图 5-40 "用户配置"对话框

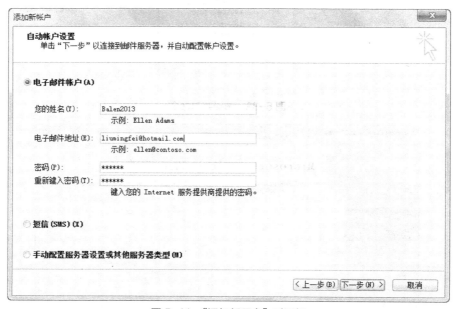

图 5-41 "添加新用户"对话框

② 新建邮件。

a. 在 Outlook 主窗口中，在"开始"→"新建"选项组中单击"新建电子邮件"按钮，如图 5-42 所示。

图 5-42　单击"新建电子邮件"按钮

b. 此时会打开"未命名-邮件"窗口，在窗口中编辑邮件即可，如图 5-43 所示。

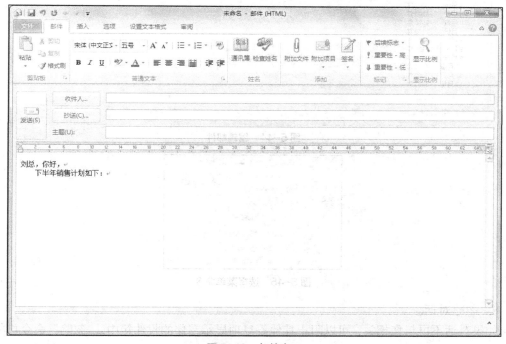

图 5-43　邮件窗口

③ 发送邮件。

a. 打开邮件窗口，在"正文文本框"中输入邮件内容，然后进行编辑，完成后在对应的文本框中填入收件人、抄送和邮件主题，如图 5-44 所示。

b. 然后单击"发送"按钮，完成发送。

用户也可以通过 Outlook 将较大的文件以附件的形式发送给收件人。

④ 接收 Outlook 邮件。

默认情况下，用户可以接收任何人发来的邮件。在 Outlook 2010 中，用户还可以使用系统提供的功能对接收到的邮件进行设置，以方便管理邮件。

a. 发送/接收。

用户可以设置发送和接收所有邮件，在"发送/接收"→"发送/接收"选项组中单击"发送/接收所有文件夹"按钮，或者单击"发送/接收组"旁的下拉按钮，在弹出的下拉列表中选择相应的命令，如图 5-45 所示。

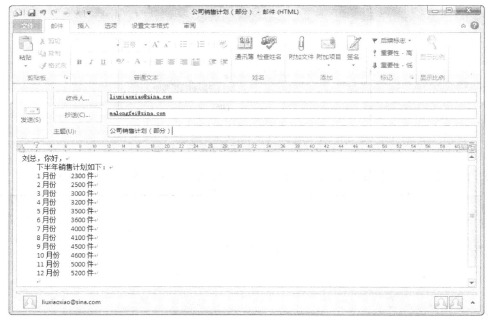

图 5-44 编辑邮件

图 5-45 选择菜单命令

b. 忽略对话。

如果对话不再与您相关，可以阻止其他答复项显示在您的收件箱中。"忽略"命令可将整个对话及以后到达该对话中的所有邮件移到"已删除邮件"文件夹，如图 5-46 所示。

c. 清理对话。

当某封邮件包含对话中所有以前的邮件时，在"开始"→"删除"选项组中单击"清理"旁的下拉按钮，在弹出的列表中选择"清理对话"、"清理文件夹"或"清理文件夹和子文件夹"命令，如图 5-47 所示。例如，当某个人员答复对话时，答复项位于顶部，对话中以前的邮件位于下方。只保留最新的包含整个对话的邮件，而不用检查每封邮件。

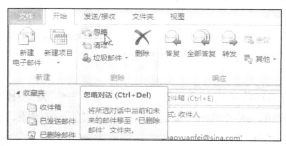

图 5-46 单击"忽略"按钮

图 5-47　单击"清理"按钮

⑤ 电子邮件设置。

用户可以根据需要对电子邮件进行设置。

a. 设置邮件联机时立即发送。

单击"文件"选项卡，在弹出的下拉列表中选择"选项"命令，如图 5-48 所示。

图 5-48　选择菜单命令

打开"Outlook 选项"对话框，在左侧单击"高级"选项，然后在右侧的"发送和接收"栏下勾选"联机情况下，立即发送"复选框，然后单击"确定"按钮，如图 5-49 所示。

b. 新建联系人并进行编辑。

在 Outlook 2010 窗口中，在左侧栏中"联系人"图标上右击鼠标，在弹出的菜单中选择"在新窗口中打开"命令，如图 5-50 所示。

在打开的窗口中定位到"开始"选项卡，在"新建"选项组中单击"新建联系人"按钮，如图 5-51 所示。

图 5-49　设置 Outlook 选项

图 5-50　选择菜单命令

图 5-51　单击"新建联系人"按钮

c. 为邮件设置颜色分类。

d. 为邮件添加后续标志。

e. 筛选已分类邮件。

f. 通过通讯簿查找联系人。

打开 Outlook 2010 窗口，在"开始"→"查找"选项组中单击"通讯簿"按钮，如图 5-52 所示。

打开"通讯簿"对话框，在"搜索"文本框中输入查找条件，如输入"刘云飞"，单击"搜索"按钮，即可在"名称"下的文本框中显示搜索结果，如图 5-53 所示。

图 5-52　单击"通讯簿"按钮　　　　　　　　　图 5-53　搜索结果

PART 6

项目 6 Photoshop CS5 的使用

任务 1　风景照片中划痕的清除

学习目标

- 了解 Photoshop CS5 软件的工作界面及窗口组成
- 熟悉 Photoshop CS5 文件的创建、打开、保存、关闭等基本操作方法
- 熟练掌握 Photoshop CS5 中对所编辑图像的移动和缩放操作
- 熟练掌握修复工具的使用方法
- 熟练掌握修补工具的使用方法

1.1　任务描述

　　小林家里有一张几年前去云南旅游时拍的风景照片，很漂亮，可惜上面有几道划痕（见图 6-1），于是扫描出来，想用 Photoshop 软件进行修复。

图 6-1　被损坏的风景照片

1.2　任务分析

在生活中我们经常会遇到照片保存不当造成损坏或者照片背景杂乱不够突出主体人物的情况，Photoshop 是一款强大的图像处理软件，其中包含的图像修复修补工具，可以令我们很轻松地修复破损的照片或者清除掉图像中多余的内容。

1.3　相关知识

1.3.1　Photoshop 的基本知识

1．图像的几种色彩模式

由于成色原理的不同，决定了显示器、投影仪、扫描仪这类靠色光直接合成颜色的颜色设备和打印机，以及印刷机这类靠使用颜料的印刷设备在生成颜色方式上的区别。一般来说，一种色彩模式对应一种输入/输出设备。常见的色彩模式有 CMYK、RGB、HSB、LAB、灰度模式、位图模式等。

（1）CMYK 模式

CMYK 也称作印刷色彩模式，是打印的标准颜色，主要应用于打印机、印刷机。CMYK：青色 Cyan、洋红色 Magenta、黄色 Yellow、用 K 表示黑色（black 最后一个字母）。CMYK 模式在印刷时应用了色彩学中的减色原理，即减色色彩模式，它是 Photoshop CS5 中最常见的一种模式，如图 6-2 所示。

（2）RGB 模式

与 CMYK 模式不同，RGB 模式是一种加色模式，它是通过红、绿、蓝 3 种色光相叠加而形成更多的颜色。对应于计算机显示器、电视屏幕等显示设备，因此也被称为色光模式。当 RGB 都为 0，即 3 种色光都同时不发光时就成黑色。光线越强，颜色越亮，当 RGB 都为 255，即 3 种色光都同时发光到最亮就成为白色，所以 RGB 模式被称为加色法。图 6-3 所示为 RGB 窗口。

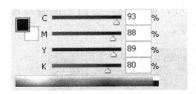

图 6-2　CMYK 窗口

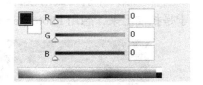

图 6-3　RGB 窗口

（3）HSB 模式

HSB 是基于人体视觉系统（色）的色彩模式。

H：hue，色相（度），用于调整颜色，取值为（0~360 度）S：saturation，饱和度（%），指颜色的深度，取值为 0%（灰色）~100%（纯色）。B：brightness，明度（%），指色彩明暗程度，取值为 0%（黑色）~100%（白色）。图 6-4 所示为 HSB 窗口。

（4）Lab 模式

Lab 模式是由国际照明委员会（CIE）于 1976 年公布的，理论上包括了人眼可见的所有颜色的色彩模式。它不依赖于光线，也不依赖于颜料，弥补了 RGB 与 CMYK 两种色彩模式的不足，是 Photoshop 在不同颜色模式之间转换时使用的内部颜色模式。用户可以在图像编辑中使用 Lab 模式，并且 Lab 模式转换为 CMYK 模式时不会像 RGB 转换为 CMYK 模式时那样丢失色彩。因此，避免色彩丢失的最佳方法是用 Lab 模式编辑图像，再转换成 CMYK 模式打印输出。但有些 Photoshop 滤镜对 Lab 模式的图像不起作用。所以如果要处理彩色图像，建议在 RGB 模式与 Lab 模式两者中选一种，打印输出前再转成 CMYK 模式。记住，用 Lab 模式转换图像不用校色。图 6-5 所示为 Lab 窗口。

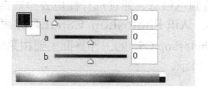

图 6-4　HSB 窗口　　　　　　　　　　　图 6-5　Lab 窗口

（5）灰度模式

如果选择了灰度模式，则图像中没有颜色信息，色彩饱和度为零。图像有 256 个灰度级别，从亮度 0（黑）到 255（白）。如果要编辑处理黑白图像，或将彩色图像转换为黑白图像，可以制定图像的模式为灰度，由于灰度图像的色彩信息都从文件中去掉了，所以灰度相对彩色来讲文件大小要小得多。

（6）位图模式

使用黑白两种颜色之一来表示图像中的像素。位图模式的图像也叫黑白图像，因为图像中只有黑白两种颜色。除非特殊用途，一般不选这种模式。当需要将彩色模式转换为位图模式时，必须先转换为灰度模式，由灰度模式才能转换为位图模式。

2．图像的几种文件格式

图像文件格式是记录和存储影像信息的格式。对数字图像进行存储、处理、传播，必须采用一定的图像格式，也就是把图像的像素按照一定的方式进行组织和存储，把图像数据存储成文件就得到图像文件。图像文件格式决定了应该在文件中存放何种类型的信息，文件如何与各种应用软件兼容，文件如何与其他文件交换数据。常见的图像格式有 BMP 格式、TIFF 格式、GIF 格式、JPEG 格式等。

（1）BMP 格式

BMP（位图格式）是 DOS 和 Windows 兼容计算机系统的标准 Windows 图像格式。BMP 格式支持 RGB、索引颜色、灰度和位图颜色模式，但不支持 Alpha 通道。BMP 格式支持 1、4、24、32 位的 RGB 位图。

（2）TIFF 格式

TIFF（标记图像文件格式）用于在应用程序之间和计算机平台之间交换文件。TIFF 是一种灵活的图像格式，被所有绘画、图像编辑和页面排版应用程序支持。几乎所有的桌面扫描仪都可以生成 TIFF 图像。而且 TIFF 格式还可加入作者、版权、备注，以及自定义信息，存放多幅图像。

（3）GIF 格式

GIF（图像交换格式）是一种 LZW 压缩格式，用来最小化文件大小和电子传递时间。在 WWW 和其他网上服务的 HTML（超文本标记语言）文档中，GIF 文件格式普遍用于显示索引颜色图形和图像。GIF 还支持灰度模式。

（4）JPEG 格式

JPEG（Joint Photographic Experts Group，联合图片专家组）是目前所有图像格式中压缩率最高的一种格式。目前，大多数彩色和灰度图像都使用 JPEG 格式压缩图像，压缩比很大，而且支持多种压缩级别的格式，当对图像的精度要求不高而存储空间又有限时，JPEG 是一种理想的压缩方式。在 WWW 和其他网上服务的 HTML 文档中，JPEG 用于显示图片和其他连续色调的图像文档。JPEG 支持 CMYK、RGB 和灰度颜色模式。JPEG 格式保留 RGB 图像中的所有颜色信息，通过选择性地去掉数据来压缩文件。

3．认识 Photoshop CS5 工作界面

Photoshop CS5 的工作界面主要由菜单栏、属性栏、工具箱、控制面板和状态栏组成，如图 6-6 所示。

图 6-6　工作界面

菜单栏：菜单栏依次为"文件"菜单、"编辑"菜单、"图像"菜单、"图层"菜单、"选择"菜单、"滤镜"菜单、"分析"菜单、"3D"菜单、"视图"菜单、"窗口"菜单及"帮助"菜单。

属性栏：属性栏是工具箱各个工具的功能扩展。通过在属性栏中设置不同的选项，可以快速地完成多样化的操作。

工具箱：工具箱中包含了多个工具。利用不同的工具可以完成对图像的绘制、修改等操作。

控制面板：在 Photoshop CS5 中，面板可以用来设置图像的颜色、色板、样式、图层、历史记录等。在 Photoshop CS5 中，包含了 20 多个面板。在"窗口"主菜单中，用户可以选择相应的命令，选择将隐藏的面板调到工作区中。

状态栏：状态栏可以提供当前文件的显示比例、文档大小、当前工具、暂存盘大小等提示信息。

1.3.2 Photoshop CS5 的基本操作

1．新建图像

新建图像是使用 Photoshop CS5 进行设计的第一步。启动"新建"命令有以下几种方法。

① 选择"文件"→"新建"命令。

② 按 Ctrl+N 快捷键。

注意：启用"新建"命令后，会弹出"新建"对话框（见图 6-7），进行相应的设置后，单击"确定"按钮即可新建一个图像。

图 6-7 新建图像对话框

2．打开图像

打开图像是使用 Photoshop CS5 对原有的图像进行修改的第一步。

启用"打开"命令有以下两种方法。

① 选择"文件"→"打开"命令。

② 按 Ctrl+O 快捷键。

注意：启用"打开"命令后，会弹出"打开"对话框（见图 6-8），进行相应的选择后，单击"确定"按钮，即可打开一个图像。

图 6-8 "打开"对话框

3．保存图像

对图像编辑完成后需要进行保存。对于暂时不用的图像，进行保存后就可以将它关闭。

启用"存储"命令有以下几种方法。

① 选择"文件"→"存储"命令。

② 按 Ctrl+S 快捷键。

注意：启用"存储"命令后，系统会直接将图像保存并覆盖到原始图像上，即刚开始打开的图像文件上，因此会破坏原始图像。如果想要保存图像又不想破坏原始图像，就需要使用"存储为"命令。启用"存储为"命令有以下几种方法。

③ 选择"文件"→"存储为"命令。

④ 按 Shift+Ctrl+S 组合键。

注意：启用"存储为"命令后，会弹出"存储为"对话框，选择好需要的设置后，单击"确定"按钮即可。

4．关闭图像

将图像进行保存后，就可以对图像进行关闭了。

启用"关闭"命令有以下两种方法。

① 选择"文件"→"关闭"命令。

② 按 Ctrl+W 快捷键。

1.3.3 图像的显示效果

1．"缩放"工具的使用

放大显示图像：在图像进行编辑时，有时候会需要放大图像处理细节部分。

对图像放大，有以下 3 种方法。

①选择"缩放"工具 ，在图像中鼠标光标变为放大图标 ，每单击一次鼠标，图像会放大一倍。

②按 Ctrl++快捷键，可逐级放大图像。

③当需要放大一个指定区域时，选择"放大"工具 ，按住鼠标不放，在图像上框出一个矩形选区，选中需要放大的区域，如图 6-9 所示，松开鼠标，选中的区域会放大显示并填满图像窗口，如图 6-10 所示。

图 6-9　选中需放大的选区

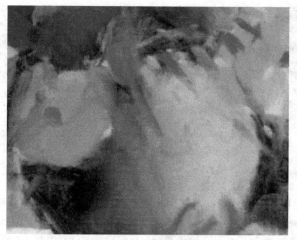

图 6-10　放大区域

缩小显示图像：缩小显示图像，一方面可以用有限的屏幕空间显示更多的图像，另一方面可以看到一个较大图像的全貌。

对图像的缩小，有以下两种方法。

①选择"缩放"工具，在图像中光标变为放大工具图标，按住 Alt 键不放，鼠标光标变成缩小工具图标。没单击一次鼠标，图像将缩小一级显示。

②按 Ctrl+ - 快捷键，可逐级缩小图像。

2．"抓手"工具的使用

①选择"抓手"工具，在图像中鼠标光标变为抓手，在放大的图像中拖曳鼠标，可以移动图像，观察图像的每个部分。

②当正在使用工具箱中的其他工具时，按住空格键，可以快速切换到"抓手"工具，进行移动操作。

1.3.4 "仿制图章"工具的使用

"仿制图章"工具可以以指定的像素点为复制基准点，将其周围的图像复制到其他地方。选择"仿制图章"工具，或反复按 Shift+S 快捷键。

选择"仿制图章"工具，将光标放在图像中需要复制的位置，按住 Alt 键，鼠标光标变成圆形十字图标，单击定下取样点，松开鼠标，在需要修补的位置单击并按住鼠标不放，拖曳鼠标复制出取样点的图像。

1.3.5 "修补"工具的使用

"修补"工具可以用图像中的其他区域来修补当前选中的需要修补的区域。

选择"修补"工具，圈选图像中的路标，如图 6-12 所示。选择修补工具属性栏中的"源"选项（见图 6-11），在选区中单击并按住鼠标不放，移动鼠标，将选区中的图像拖曳到需要的位置，选区中的路标被新放置的天空图像所修补，效果如图 6-13 所示。按 Ctrl+D 快捷键，取消选区。

图 6-11　"修补"工具属性栏

图 6-12　圈选路标

图 6-13　修补图像

图 6-14　圈选区域

图 6-15　修补图像

　　选择"修补"工具属性栏中的"目标"选项，用"修补"工具圈选图像中的区域，如图 6-14 所示。再将选区拖曳到要修补的图像区域，圈选区域中的图像修补了路标图像，如图 6-15 所示。按 Ctrl+D 快捷键，取消选区。

1.4　任务实施

　　学习上述基础知识后，我们开始对损坏的照片进行修复了。

　　① 按 Ctrl+O 快捷键，打开素材图片"风景照片"，图像效果如图 6-16 所示。

图 6-16　图像效果

② 选择"修补"工具 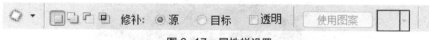，属性栏中的设置如图 6-17 所示，在图像窗口中拖曳鼠标，圈选水里的划痕区域，生成选区，如图 6-18 所示。在选区中单击并按住鼠标不放，将选区拖曳到无划痕的位置，松开鼠标，选区中的划痕被选区位置的图像所修补，效果如图 6-19 所示。按 Ctrl+D 快捷键，取消选区。

图 6-17　属性栏设置

图 6-18　生成选区

图 6-19　修补划痕

③ 在图像窗口中拖曳鼠标圈选树林中的划痕区域，生成选区，如图 6-20 所示。在选区中单击并按住鼠标不放，将选区拖曳到无划痕的位置，松开鼠标，选区中的划痕被选区位置的图像所修补，效果如图 6-21 所示。按 Ctrl+D 快捷键，取消选区。

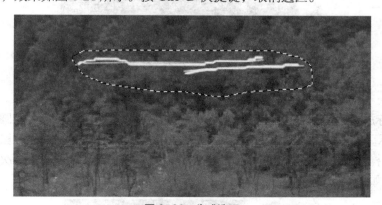

图 6-20　生成选区

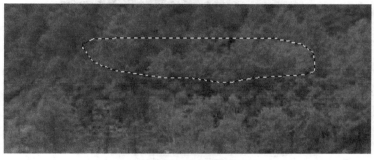

图 6-21　修补划痕

④ 选择仿制图章工具 ，将光标放在图像中需要复制的位置，按住 Alt 键，鼠标光标变成圆形十字图标，如图 6-22 所示。单击定下取样点，松开鼠标，在需要修补的位置单击并按住鼠标不放，拖曳鼠标复制出取样点的图像，从而修复牛身上的划痕，效果如图 6-23 所示。修复的过程中，多次取样，多次复制取样点的图像，这样能够使图像修补的更细致。

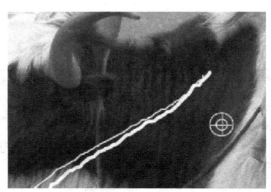

图 6-22 圆形十字光标

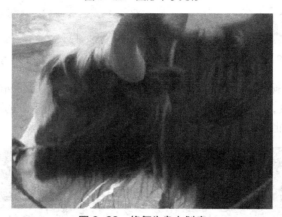

图 6-23 修复牛身上划痕

⑤ 将光标放在牛绳子旁边需要复制的位置，按住 Alt 键，鼠标光标变成圆形十字图标，如图 6-24 所示。单击定下取样点，松开鼠标，在需要修补的位置单击并按住鼠标不放，拖曳鼠标复制出取样点的图像，从而修复牛绳及牛绳旁边的划痕。修复过程中多次取样多次复制取样点，效果如图 6-25 所示。

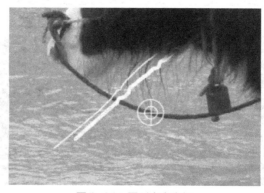

图 6-24 圆形十字光标

图 6-25 修复划痕

⑥ 最终风景照片修复完成,如图 6-26 所示。

图 6-26 最终修复效果

至此,有划痕的风景照片就修复完成了。通过这个任务的学习,小林快速地掌握了
Photoshop 的基础知识,并且会使用 Photoshop 的修补功能,在以后日常生活及工作中,遇到
此类情况就可以轻松应对了。

任务 2 艺术照片的制作

学习目标

- 熟练掌握 Photoshop CS5 中选区的创建及填充
- 熟练掌握 Photoshop CS5 中图层的基本操作
- 能够运用亮度/对比度、色彩平衡、照片滤镜、色相饱和度等命令调整图像的颜色

2.1　任务描述

　　小美新买了个相框，想放一张美丽的风景照片摆在桌子上，于是，找到以前去安徽旅游时拍的照片（见图 6-27），想用 Photoshop 软件进行处理。

图 6-27　照片原图

2.2　任务分析

　　在生活中，我们经常会遇到照片偏色、曝光不足的问题，这就需要我们调整图像的色调，Photoshop 中不仅可以调整图像颜色，还可以制作出丰富多彩的图像效果。

2.3　相关知识

2.3.1　选区的创建与编辑

1．绘制选区

在编辑图像的时候，如何创建一个矩形的选区，我们可以通过下面的介绍来实现。

　　① 在工具箱中选择"矩形选框工具" ，在图像文件上单击鼠标左键，并移动鼠标即可创建一个矩形的选区，如图 6-28 所示。

图 6-28　创建矩形选区

② 选择"矩形选框工具"⬚，按住 Shift 键，在图像文件上单击鼠标左键并移动鼠标，即可创建一个正方形的选框区，如图 6-29 所示。

图 6-29　创建正方形选区

2．选区选项设置

选择"矩形选框工具"⬚，属性栏状态如图 6-30 所示。

图 6-30　工具属性栏

新选区⬚：去除新选区，绘制新选区。增加选区⬚：在原有的选区上增加新的选区。减去选区⬚：在原有的选区上减去新选区的部分。重叠选区⬚：选择新旧选区重叠的部分。羽化：用于设定选区边界羽化的程度。

3．填充选区

填充选区有以下两种方法。

① 选择"矩形选框工具"⬚，绘制选区，选择菜单"编辑>填充"命令，弹出"填充"对话框，如图 6-31 所示。选择填充方式，使用前景色进行填充，效果如图 6-32 所示。

图 6-31　"填充"对话框

图 6-32　填充选区

② 按 Alt+Delete 快捷键，将使用前景色填充选区或图层。按 Ctrl+Delete 快捷键，将使用背景色填充选区或图层。按 Delete 键，将删除选区中的图像。

2.3.2　Photoshop 中"图层"面板的基本操作

"图层"面板在整个界面的右下方，是最为常用的一个面板。面板上面包含透明度、图层模式、新建图层、锁定图层、复制图层、关闭图层等命令，如图 6-33 所示。

图 6-33　控制面板界面

1．新建图层

（1）使用"文件"菜单命令新建图层

选择菜单栏中的"图层"命令，在弹出的下拉菜单中选择"新建"→"图层"命令，弹出"新建图层"对话框，如图 6-34 所示，在弹出的对话框中单击"确定"按钮即可。

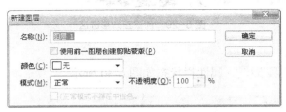

图 6-34　"新建图层"对话框

（2）使用快捷键新建图层

按 Shift+Ctrl+N 组合键，同样弹出"新建图层"对话框，单击"确定"按钮即可。

（3）使用"图层"面板按钮新建图层

在"图层"面板中单击"新建"按钮 即可。

2．复制图层

在 Photoshop CS5 中，可以对图层进行复制，有以下 3 种方法。

（1）直接拖动

打开"图层"面板，选择一个名为"图层 1"的图层，按住并拖动至"新建图层"按钮 上即弹出对话框，单击"确定"按钮，得到一个名为"图层 1 副本"的图层，如图 6-35 所示。

图 6-35　复制图层

（2）利用子菜单命令

打开"图层"面板，选择一个名为"图层 1"的图层，用鼠标单击右上方的 按钮，即可弹出下拉菜单，选择"复制图层"命令。

（3）利用主菜单命令

打开软件，选择一个名为"图层 1"的图层，用鼠标单击菜单栏上的"图层"菜单，即可弹出下拉菜单，选择"复制图层"命令。

3．删除图层

在 Photoshop CS5 中，可以对图层进行删除处理，有以下几种方法。

（1）直接拖动

打开"图层"面板，选择一个名为"图层 1"的图层，用鼠标左键按住并拖动至"删除图层" 🗑 按钮上，即可删除该图层。

（2）利用子菜单命令

打开"图层"面板，选择一个名为"图层 1"的图层，用鼠标单击右上方的 ▀▀ 按钮，即可弹出下拉菜单，选择"删除图层"命令。

（3）利用主菜单命令

打开 Photoshop CS5，选择一个名为"图层 1"的图层，用鼠标单击菜单栏上的"图层"命令，即可弹出下拉菜单，选择"删除"→"图层"命令。

4．图层混合模式

图层的混合模式用于为图层添加不同的模式，使图层产生不同的效果。在"图层"控制面板中，图层的混合模式选项 正常 ▾ 用于设定图层的混合模式，它包含正常、溶解、变暗、整片叠底等 23 种模式。

2.3.3　Photoshop CS5 图像颜色与色调调整

1．亮度/对比度

"亮度/对比度"命令用于调节图像的亮度和对比度。选择"亮度/对比度"命令，弹出"亮度/对比度"对话框。

在对话框中，可以通过拖曳亮度和对比度滑块来调整图像的亮度和对比度，"亮度/对比度"命令调整的是整个图像的色彩。

2．色彩平衡

"色彩平衡"命令用于调节图像的色彩平衡度。选择"色彩平衡"命令，或按 Ctrl+B 快捷键，弹出"色彩平衡"对话框，如图 6-36 所示。

在对话框中，"色彩平衡"选项组用于选取图像的阴影、中间调、高光选项。"色彩平衡"选项组用于在上述选区中添加过渡色来平衡色彩效果，拖曳三角滑块可以调整整个图像的色彩，也可以在"色阶"选项的数值框中输入数值，调整整个图像的色彩。"保持亮度"选项用于保持原图像的亮度。

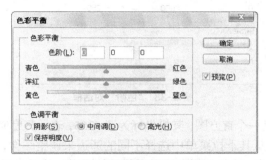

图 6-36　"色彩平衡"对话框

3．色相/饱和度

"色相/饱和度"命令用于调节图像的色相饱和度。选择"色相/饱和度"命令，或按 Ctrl+U 快捷键，弹出"色相/饱和度"对话框，如图 6-37 所示。

在中间区域，可以通过拖曳各项中的滑板来调整图像的色彩、饱和度和透明度。

"着色"选项用于在由灰度模式转换而来的色彩模式图像中添加需要的颜色。选中"着色"复选框，在"色相/饱和度"对话框中的"编辑"选项中选择"蓝色"，拖曳两条色带间的滑块，使图像的色彩更加符合要求。

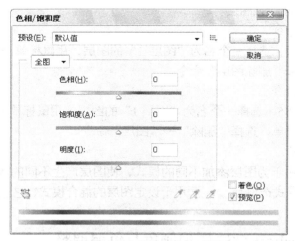

图 6-37 "色相/饱和度"对话框

4．色阶

"色阶"命令，用于调整图像的对比度、饱和度及灰度。打开一幅素材图像，选择"色阶"命令，或按 Ctrl+L 快捷键，弹出"色阶"命令对话框，如图 6-38 所示。

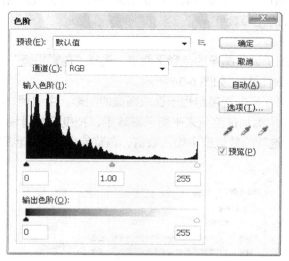

图 6-38 "色阶"对话框

在对话框中，中央是一个直方图，其横坐标为 0～255，表示亮度值，纵坐标为图像像素数。

"通道"选项：可以从其下拉菜单中选择不同的通道来调整图像，如果要选择两个以上的色彩通道，首先在"通道"控制面板中选择所需要的通道，然后打开"色阶"对话框。

"输入色阶"选项：控制图像选定区域的最暗和最亮色彩，通过输入数值或拖曳三角滑块来调整图像。左侧的数值框和左侧的黑色三角滑块用于调整黑色，图像中低于该亮度值的所有像素将变为黑色；中间的数值框和中间的灰色滑块用于调整灰度，其数值范围为 0.1~9.99，1.00 为中性灰度，数值大于 1.00 时，降低图像中间灰度，小于 1.00 时，将提高图像中间灰度；右侧的数值框和右侧的白色三角滑块用于调整白色，图像中高于该亮度值的所有像素将变为白色。

"输出色阶"选项：可以通过输入数值或拖曳三角滑块来控制图像的亮度范围（左侧数值框和左侧黑色三角滑块用于调整图像最暗像素的亮度，右侧数值框和右侧白色三角滑块用于调整图像最亮像素的亮度），输出色阶的调整将增加图像的灰度，降低图像的对比度。

"预览"选项：选中该复选框，可以即时显示图像的调整结果。

2.4　任务实施

学习完图层、调整色调相关的基础知识后，我们开始制作艺术照片。

1．调整图像色调

① 按 Ctrl+O 快捷键，打开素材图片制作艺术照片，图像效果如图 6-39 所示。将"背景"图层拖曳到控制面板下方的"创建新图层"按钮 ⅃ 上进行复制，生成新的图层"背景副本"，如图 6-40 所示。

图 6-39　图像效果

图 6-40　生成新图层

② 选择菜单"图像"→"调整"→"亮度/对比度"命令，在弹出的对话框中进行设置，如图 6-41 所示，单击"确定"按钮，效果如图 6-42 所示。

图 6-41　"亮度/对比度"对话框

图 6-42　调整效果

③ 选择菜单"图像"→"调整"→"色彩平衡"命令，在弹出的对话框中进行设置，如图 6-43 所示，单击"确定"按钮，效果如图 6-44 所示。

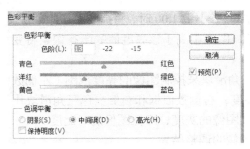

图 6-43 "色彩平衡"对话框

图 6-44 调整效果

④ 选择菜单"图像>调整>色阶"命令，在弹出的对话框中进行设置，如图 6-45 所示，单击"确定"按钮，效果如图 6-46 所示。

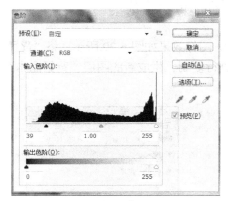

图 6-45 "色阶"对话框

图 6-46 调整效果

2．添加艺术效果

① 单击"图层"控制面板下方的"创建新图层"按钮 ，生成新图层并将其命名为"黄色填充"。将前景色设为黄色(其 RGB 值分别为(252, 199, 39)，如图 6-47 所示)，按 Alt+Delete 快捷键，用前景色填充图层，如图 6-48 所示。

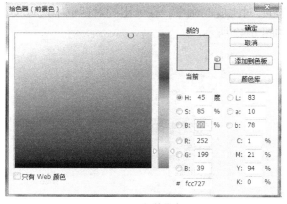

图 6-47 设置前景色

图 6-48 填充图层

② 在"图层"控制面板上方，将"黄色填充"图层的混合模式设为"柔光"，不透明度设为64%，如图6-49所示，图像效果如图6-50所示。

图6-49 设置图层效果

图6-50 图像效果

③ 单击"图层"控制面板下方的"创建新图层"按钮 ⬚，生成新图层，并将其命名为"紫色填充"。将前景色设为黄色(其RGB值分别为(90,0,132)，如图6-51所示)，按Alt+Delete快捷键，用前景色填充图层，如图6-52所示。

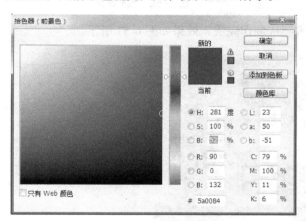

图6-51 设置前景色

图6-52 填充图层

④ 在"图层"控制面板上方，将"紫色填充"图层的混合模式设为"变亮"，不透明度设为72%，如图6-53所示，图像效果如图6-54所示。

图6-53 设置图层效果

图6-54 图像效果

3．制作白色边框

① 单击"图层"控制面板下方的"创建新图层"按钮 ᴗ，生成新图层并将其命名为"白色边框"。

② 按 Ctrl+A 快捷键，全选图像，选择"矩形选框"工具▥，在属性栏中选择"从选区减去"按钮▱，在图像中减去拖曳出来的选区，得到一个边框形状选区，如图 6-55 所示。将前景色设为白色，按 Alt+Delete 快捷键，用前景色填充图层，如图 6-56 所示。

图 6-55　边框形状选区　　　　　　　　　　　图 6-56　填充图层

③ 按 Ctrl+D 快捷键，取消选区。艺术照片制作完成，效果如图 6-57 所示。

图 6-57　最终效果

至此，一张精美的艺术照片就制作完成了。通过这个任务的学习，小美不仅学会了根据不同需要应用多种调整命令对图像的色彩或色调进行调整，还可以对图像进行特殊颜色的处理。

项目 7
常见软件的使用

任务 1　使用杀毒软件

学习目标

- 了解防火墙及反病毒软件的概念
- 知道常用的防火墙及反病毒软件的名称
- 熟练掌握常用杀毒软件 360 杀毒和金山毒霸的基本操作

1.1　任务描述

最近，小明的计算机出现了问题，经常莫名其妙地蓝屏死机（见图 7-1），或是无故自动重启，已经无法正常使用了，小明为此苦恼不已，只得求助好朋友——计算机高手小强。

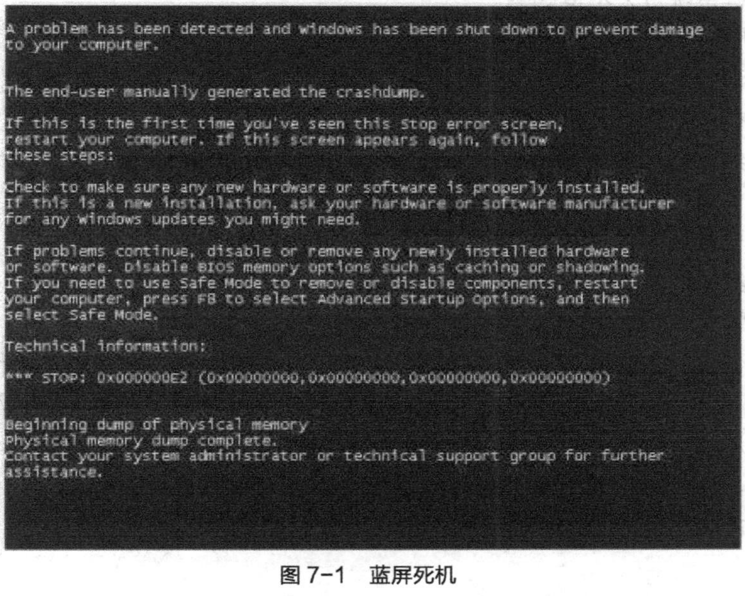

```
A problem has been detected and windows has been shut down to prevent damage
to your computer.

The end-user manually generated the crashdump.

If this is the first time you've seen this Stop error screen,
restart your computer. If this screen appears again, follow
these steps:

Check to make sure any new hardware or software is properly installed.
If this is a new installation, ask your hardware or software manufacturer
for any windows updates you might need.

If problems continue, disable or remove any newly installed hardware
or software. Disable BIOS memory options such as caching or shadowing.
If you need to use Safe Mode to remove or disable components, restart
your computer, press F8 to select Advanced startup options, and then
select Safe Mode.

Technical information:

*** STOP: 0x000000E2 (0x00000000,0x00000000,0x00000000,0x00000000)

Beginning dump of physical memory
Physical memory dump complete.
Contact your system administrator or technical support group for further
assistance.
```

图 7-1　蓝屏死机

1.2 任务分析

小强在检查分析后，得出的结论是小明的计算机感染了病毒。在实际生活中我们经常会因为计算机感染病毒而造成系统瘫痪或是数据丢失。要防止计算机病毒的入侵和破坏，特别是对普通计算机用户来说，为自己的计算机安装一套防毒杀毒软件是非常必要的。

1.3 相关知识

1．计算机病毒

计算机病毒（Computer Virus），在《中华人民共和国计算机信息系统安全保护条例》中被明确定义，是指"编制或者在计算机程序中插入的破坏计算机功能或者破坏数据，影响计算机使用并且能够自我复制的一组计算机指令或者程序代码"。

2．计算机病毒的特征

（1）破坏性

计算机感染病毒后，可能会导致正常的程序无法运行，计算机内的文件会被删除或受到不同程度的损坏。

（2）传染性

计算机病毒不但具有破坏性，而且具有传染性，它可以利用各种途径感染其他计算机，速度之快令人难以预防

（3）可执行性

计算机病毒可以直接或间接地运行，可以隐藏在可执行程序或数据文件中运行而不易被察觉。病毒在运行时与合法程序争夺系统的控制权和资源，从而降低计算机的工作效率。

（4）潜伏性

病毒感染计算机系统后，病毒的触发是由病毒表现及破坏部分的判断条件来确定的。病毒在触发条件被满足前没有明显的表现症状，不影响系统正常运行，一旦触发条件具备就会发作，给计算机系统带来不良影响。

3．计算机中病毒后的常见状况

计算机病毒的种类很多，感染了不同种类的病毒表现出来的症状也不尽相同，我们可以通过以下状况初步判断计算机是否感染了病毒。

计算机系统运行速度减慢，计算机系统经常无故出现死机现象，计算机系统中的文件长度发生变化，计算机存储的容量异常减少，系统引导速度减慢，丢失文件或文件损坏，计算机屏幕上出现异常显示，文件的日期、时间、属性等发生变化，文件无法正确读取、复制或打开；操作系统无故频繁重启或出现错误等。

4．防火墙

防火墙是位于计算机和它所连接的网络之间的软件或硬件（硬件防火墙价格较高，主要用于大型网络）。计算机流入流出的所有网络通信均要经过防火墙，防火墙对流经它的网络通信进行扫描，这样能够过滤掉一些攻击，以免其在目标计算机上被执行。防火墙还可以关闭不使用的端口，而且它还能禁止特定端口的流出通信，封锁木马病毒。防火墙还可以禁止来自特殊站点的访问，从而防止来自不明入侵者的所有通信。

5．杀毒软件

杀毒软件也称反病毒软件或防毒软件，是用于消除计算机病毒、特洛伊木马和恶意软件的一类软件。杀毒软件通常集成监控识别、病毒扫描和清除、自动升级等功能，有的杀毒软件还带有数据恢复等功能，是计算机防御系统（包含杀毒软件、防火墙、特洛伊木马和其他恶意软件的查杀程序、入侵预防系统等）的重要组成部分。

1.4　任务实施

小强首先给小明介绍了有关计算机病毒的知识，然后就一步一步教小明怎样使用杀毒软件。

1．360 杀毒

360 杀毒是 360 安全中心出品的一款免费的云安全杀毒软件，具有查杀率高、资源占用少、升级迅速等优点。同时，360 杀毒可以与其他杀毒软件共存，是一个理想杀毒备选方案。

（1）360 杀毒基本功能

① 快速扫描：扫描 Windows 系统目录及 Program Files 目录。

② 全盘扫描：扫描所有磁盘。

③ 指定扫描位置：扫描用户指定的目录。

④ 右键扫描：集成到右键菜单中，当用户在文件或文件夹上单击鼠标右键时，可以选择"使用 360 杀毒扫描"命令，对选中文件或文件夹进行扫描。

（2）360 杀毒主界面

360 杀毒的主界面组成如图 7-2 所示，它提供了 4 种手动病毒扫描方式：快速扫描、全盘扫描、指定位置扫描及右键扫描。

（3）快速扫描

① 在 360 杀毒主界面中，单击"快速扫描"选项，此时系统开始快速扫描，如图 7-2 所示。

图 7-2　360 杀毒主界面

图 7-3　快速扫描

② 扫描结束后，窗口中会提示本次扫描发现的安全威胁，在左下角勾选"全选"复选框，然后单击"立即处理"选项，如图 7-4 所示。

③ 处理完成后，窗口中会出现提示，单击"确定"按钮即可，如图 7-5 所示。

图 7-4　处理扫描结果

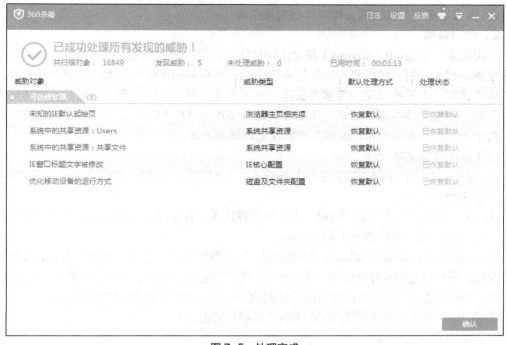

图 7-5　处理完成

（4）定时杀毒

① 在 360 杀毒主界面中，在右上角单击"设置"按钮，如图 7-6 所示。

② 打开"360 杀毒设置"对话框，单击左侧窗口中的"常规设置"选项，如图 7-7 所示。

③ 在右侧窗口中，定位到"定时杀毒"栏下，勾选"启用定时查毒"复选框，在"扫描类型"下设置"快速扫描"，选中"每周"单选项，设置每周二的 10：51 分开始查毒，如图 7-8 所示。

图 7-6　单击设置　　　　　　　　　　图 7-7　常规设置

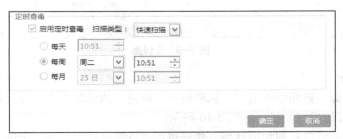

图 7-8　定时杀毒设置

④ 单击"确定"按钮后，即可实现定期杀毒。

2．金山毒霸

金山毒霸（Kingsoft Antivirus）是金山网络旗下研发的云安全智扫反病毒软件，融合了启发式搜索、代码分析、虚拟机查毒等经业界证明成熟可靠的反病毒技术，在查杀病毒种类、查杀病毒速度、未知病毒防治等多方面达到世界先进水平。同时，金山毒霸具有病毒防火墙实时监控、压缩文件查毒、查杀电子邮件病毒等多项先进的功能，紧跟世界反病毒技术的发展，为个人用户和企事业单位提供完善的反病毒解决方案。

（1）金山毒霸基本功能

① 双平台杀毒：不仅可以查杀计算机病毒，还可以查杀手机中的病毒木马，保护手机，防止恶意扣费。

② 自动查杀：应用（熵、SVM、人脸识别算法等）数学算法，拥有超强的自学习进化能力，无需频繁升级，直接查杀未知新病毒。

③ 防御性强：多维立体保护，智能侦测、拦截新型威胁，全新"火眼"系统，文件行为分析专家，用户通过精准分析报告，可对病毒行为了如指掌，深入了解自己计算机的安全状况。

④ 网购保镖：网购误中钓鱼网站或者网购木马时，金山网络为用户提供最后一道安全保障，独家 PICC 承保，全年最高 8000+48360 元赔付额度。

（2）金山毒霸主界面

金山毒霸主界面工作窗口如图 7-9 所示，主要包括计算机杀毒、铠甲防御、网购保镖、手机助手、百宝箱等。

图 7-9　主界面

（3）一键查杀

① 在金山杀毒主界面中单击"计算机杀毒"按钮，然后单击"一键云查杀"按钮，此时系统会自动对计算机进行扫描，如图 7-10 所示。

② 扫描完成后可以看到扫描结果，然后单击"立即处理"按钮，如图 7-11 所示。

图 7-10　一键云查杀

图 7-11　立即处理

③ 处理完成后即可看到如图 7-12 所示的提示。

图 7-12　处理完成

（4）指定查杀位置

① 单击"电脑杀毒"选项，然后单击"指定位置查杀"选项，如图 7-13 所示。

② 在打开的对话框中选择扫描路径，如勾选"本地磁盘 F"复选框，单击"确定"按钮，如图 7-14 所示。

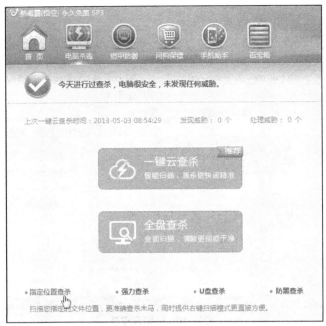

图 7-13　制定查杀

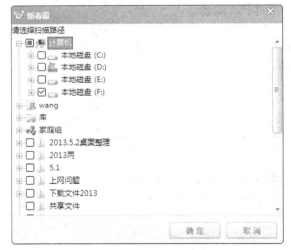

图 7-14　选择查杀未知

③ 此时金山毒霸开始对 F 盘进行扫描，如图 7-15 所示。

图 7-15　开始扫描

任务 2　使用网络下载软件

学习目标

- 了解网络下载软件的概念
- 知道常用的几款网络下载软件的名称
- 熟练掌握网络下载软件迅雷和快车的基本操作

2.1　任务描述

小明刚买了台新计算机，除了用来学习之外，还常用它上网看电影、玩游戏，可是用浏览器下载速度太慢，并且使用不方便，有没有使用方便的网络下载软件直接在线观看呢？电视节目能不能在网上看呢？小明请来了从事 IT 工作的邻居王强，教自己怎样使用网络下载软件。

2.2　任务分析

下载工具是一种可以更快地从网上下载东西的软件。用下载工具下载时，可以充分利用网络上的多余带宽，采用"断点续传"技术，随时接续上次中止部位继续下载，有效地避免了重复操作，节省了下载者的连线下载时间。常用的下载工具有迅雷、网际快车等。

2.3　相关知识

1．迅雷 7

迅雷下载软件，它本身并不支持上传资源，它只是一个提供下载和自主上传的工具软件。迅雷软件立足于为全球互联网提供最好的多媒体下载服务。迅雷的资源取决于拥有资源网站的多少，同时只要有任何一个迅雷用户使用迅雷下载过相关资源，迅雷就能有所记录。

2．快车

网络视频软件，也称网络电视软件，它们常包含了丰富的电视节目，现在一般也包括电影等其他视频。常见的网络视频软件有 PPLive、PPStream 等，这些全是基于 P2P 技术的。

2.4　任务实施

王强向小明介绍了常用的网络下载软件，下面就一步一步来学习如何使用。

1．迅雷 7 的使用

（1）迅雷 7 的基本功能

① 下载：浏览器支持将迅雷客户端登录状态带到网页中。

② 离线下载：服务器代替计算机用户先行下载。

③ "二维码下载"功能：在计算机中寻找想下载的文件，并轻松地下载到手机上。

④ 一键立即下载：操作简便，即便是通过手动输入下载地址的方式建立任务，也能一键

立即下载。

（2）迅雷 7 主界面

迅雷 7 的主界面工作窗口组成如图 7-16 所示，主要包括我的下载、迅雷新闻、迅雷看看、下载优先、网速保护、计划任务等。

（3）新建下载任务

① 在主界面中单击"新建"按钮，如图 7-17 所示。

图 7-16　迅雷 7 主界面

图 7-17　在主界面中单击

② 打开"新建任务"对话框，在"输入下载 URL"栏下输入下载地址，如图 7-18 所示。

③ 单击"继续"下拉按钮，在弹出的菜单中选择"立即下载"选项即可下载，完成后如图 7-19 所示。

图 7-18　输入地址

图 7-19　下载完成

（4）添加计划任务

① 在主界面下方单击"计划任务"按钮，在弹出的选项列表中选择"添加计划任务"选项，如图 7-20 所示。

图 7-20　添加计划任务

② 打开"计划任务"对话框，在"设置任务执行时间"栏下进行设置，然后选中"开始全部任务"单选按钮，如图 7-21 所示。

图 7-21　设置任务

③ 单击"确定计划"按钮后，主界面最下方会弹出"添加计划任务"提示，如图 7-22 所示。

图 7-22　页面提示

2．快车的使用

（1）快车基本功能主界面

① 绿色免费：不捆绑恶意插件，简单安装，快速上手。全球首创的下载安全监测技术（Smart Detecting Technology，SDT），在下载过程中自动识别文件中可能含有的间谍程序及灰色插件，并对用户进行有效的提示。

② 系统资源优化：压在高速下载的同时，维持超低资源占用，不干扰用户的其他操作。

③ 自动调用杀毒软件：专注下载，与杀毒厂商合作，共创绿色环境；文件下载完成后自动调用用户指定的杀毒软件，彻底清除病毒和恶意软件。

④ 奉行不做恶原则：不捆绑恶意软件，不强制弹出广告，简便规范地安装卸载流程，不收集、不泄露下载数据信息，尊重用户隐私。

⑤ 支持多种协议：全面支持 BT、HTTP、FTP 等多种协议，智能检测下载资源，HTTP/BT 下载切换无需手工操作，获取种子文件后自动下载目标文件。

（2）快车主界面

快车的主界面工作窗口组成如图 7-23 所示，主要包括新建、目录、分组和选项等。

图 7-23　FlashGet 主界面

（3）新建视频任务

① 在主界面中单击"新建"后的下拉按钮，在弹出的菜单中选择"新建视频任务"选项，如图 7-24 所示。

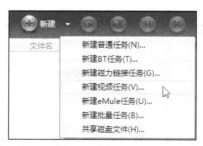

图 7-24　新建视频任务

② 打开"新建视频下载任务"对话框，在"请输入视频页面地址"下的文本框中输入地址，单击"探测视频"按钮，如图 7-25 所示。

③ 探测到视频后，页面中会自动显示文件名，单击"立即下载"按钮，如图 7-26 所示。

图 7-25　探测视频

图 7-26　立即下载

④ 此时开始下载视频，主界面窗口中会显示下载进度等信息，如图 7-27 所示。

图 7-27　正在下载

（4）设置下载完成提示

① 在主界面中单击"选项"按钮，如图 7-28 所示。

图 7-28　单击"选项"按钮

② 打开"选项"对话框，在"基本设置"栏下单击"事件提醒"选项，如图 7-29 所示。

③ 进入"事件提醒"页面，在"任务完成"栏下勾选"任务完成后气泡提示"和"任务完成后声音提示"复选框，如图 7-30 所示。

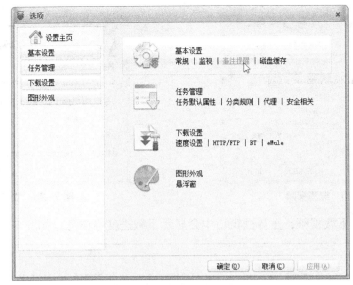

图 7-29 设置 "事件提醒"

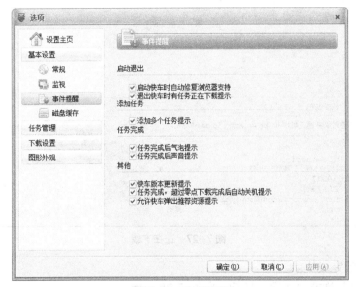

图 7-30 完成设置

④ 单击"确定"按钮。

任务 3 使用文件压缩软件

学习目标

- 了解文件压缩的概念与意义
- 熟悉文件压缩及解压缩操作
- 熟悉文件压缩软件 WinRAR 的安装与使用

3.1　任务描述

学生会在周六举办了一次演讲比赛，聘请了团委的郑老师负责摄影工作。比赛后，郑老师将拍摄的所有照片压缩后用电子邮件发给了学生会宣传部长小明，让他挑选出需要冲洗的照片重新压缩后发回。可是小明发现郑老师只发过来 4 个文件，并且无法打开显示，如图 7-31 所示。

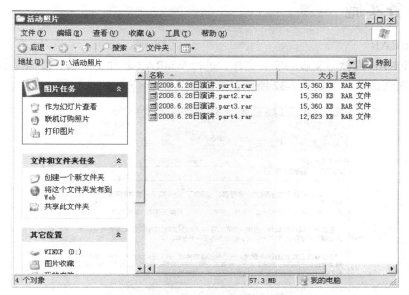

图 7-31　无法打开的照片文件

3.2　任务分析

文件压缩软件是一种常用的工具软件，它可以通过特殊的算法减小文件的存储空间，也可以将多个文件压缩成一个文件，以提高操作效率（如备份、下载、用电子邮件发送等）。小明同学遇到的问题，是因为郑老师把照片文件压缩了，现在只需要安装一个常用的压缩软件，就可以打开郑老师发来的文件，并进行解压缩或重新压缩了。

3.3　相关知识

1．压缩与解压缩

压缩是指利用算法将文件有损或无损地处理，以达到保留最多文件信息、而令文件变小的目的。解压缩是相对压缩而言的，是压缩的反过程，即将压缩文件还原成原来的文件。

2．常用的压缩软件

目前常用的压缩软件主要有 WinRAR、WinZip 等。WinRAR 功能强大，界面友好，使用方便，在压缩率和速度方面都有很好的表现，同时支持"RAR""ZIP"和其他格式的压缩文件。用 WinRAR 压缩后生成的文件的扩展名为"RAR"，用 WinZIP 压缩后生成的文件的扩展名为"ZIP"。"RAR"文件通常比"ZIP"文件压缩比高，但是压缩速度相对较慢。

知识拓展

"7z"是一种新的压缩文件格式，它拥有当前最高的压缩比。目前 WinRAR 可以解压缩"7z"格式的压缩文件，但是要把文件或文件夹压缩成"7z"格式，必须使用专用的工具软件，如 7-Zip for windows 等。

3.4 任务实施

1. WinRAR

打开 WinRAR 简体中文版的安装文件，进行 WinRAR 软件的安装，按照提示一步一步进行，所有选项默认即可，如图 7-32 所示。

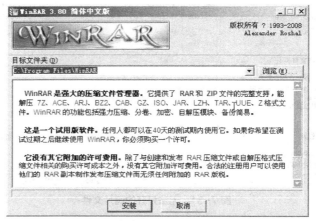

图 7-32 安装压缩软件 WinRAR

程序安装完毕后，会弹出图 7-33 所示的对话框，在这里我们可以默认所有选项，单击"确定"按钮即可。

2. 将照片解压缩

安装了 WinRAR 软件后，再来看郑老师发来的文件，图标已经发生了变化（见图 7-34）。这时就可以使用 WinRAR 软件进行解压缩了。

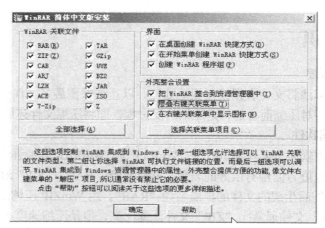

图 7-33 设置 WinRAR 的基本功能

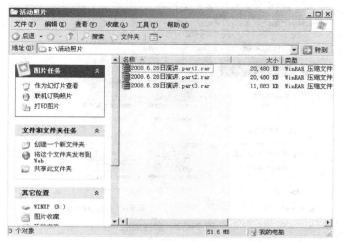

图 7-34 安装 WinRAR 后文件可以识别

在需要解压缩的文件上单击鼠标右键，在出现的菜单中选择"WinRAR"→"解压到2008.6.2 日演讲\"命令（见图 7-35），这时压缩文件会把原来压缩的照片文件自动解压到该目录下的"2008.6.2 日演讲"文件夹内。图 7-36、图 7-37 分别为解压缩过程和解压缩后的效果。

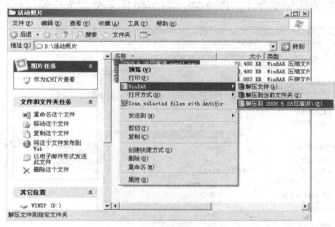

图 7-35 右键单击解压缩

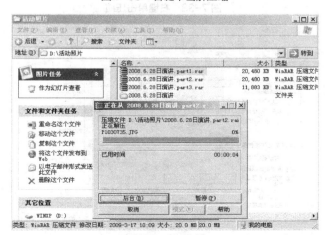

图 7-36 解压缩中

图 7-37　解压缩后

3．压缩挑选好的照片

　　小明使用看图软件将郑老师发过来的照片逐一查看，最后挑选了一些需要冲洗的。现在，他要把这些照片重新压缩后再发回去。选择要压缩的所有的文件后单击鼠标右键，在出现的菜单中选择"WinRAR"→"添加到'选好的照片'"命令（见图 7-38），这样就生成了一个文件名为"选好的照片"的压缩文件了。图 7-39、图 7-40 所示分别为压缩过程和压缩后的文件。

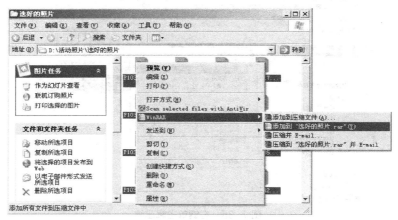

图 7-38　右键单击压缩

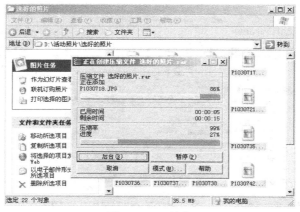

图 7-39　压缩中

图7-40　压缩后的文件

但是小明发现使用他的电子邮箱只能发送小于 **20MB** 的文件作为附件（见图7-41），压缩好的文件太大了，如何解决这个问题呢？

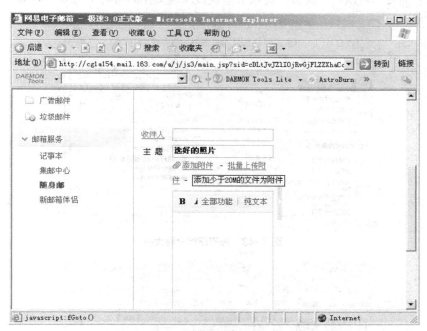

图7-41　邮箱限制附件大小

要解决这样的问题，我们可以使用 **WinRAR** 软件的分卷压缩功能。分卷压缩就是把比较大的文件根据需要，压缩成若干个小文件。

操作步骤如下所述。

① 选择要进行压缩的所有的文件后，单击鼠标右键，在出现的菜单中选择"**WinRAR**"→"添加到压缩文件"命令（见图7-42）。

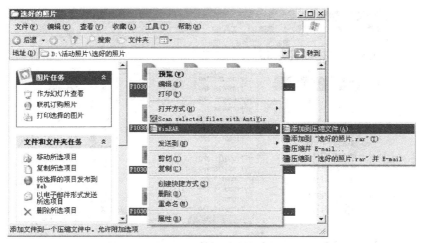

图 7-42　添加到压缩文件

② 在出现的"压缩文件名和参数"对话框中，选择压缩分卷大小为"15MB"，并把压缩方式调整为"最好"（见图 7-43），单击"确定"按钮。

③ 如有需要，可以在"高级"选项卡里设置压缩文件的密码（见图 7-44）。

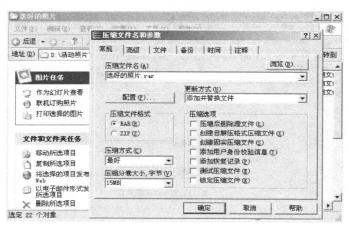

图 7-43　选择压缩分卷大小

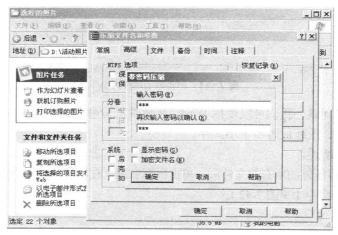

图 7-44　设置压缩文件密码

知识拓展

注释：为了附加一些压缩文件的有关说明，我们可以给压缩文件添加注释，具体方法为：在"压缩文件名和参数"的最后一项"注释"中，手动输入注释内容，如图 7-45 所示。

压缩完成后，我们可以看到 3 个文件，分别是"选好的照片.part1.rar"、"选好的照片.part2.rar"和"选好的照片.part3.rar"。除最后一个文件外，其余两个大小均为 15MB，最后一个文件的大小是剩余大小，如图 7-46 所示。

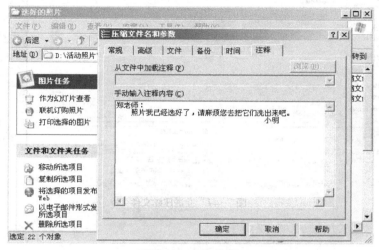

图 7-45　添加注释

图 7-46　分卷压缩完成

4．发送压缩文件

照片文件已经分卷压缩完毕，只需要把电子邮箱打开，把压缩后的文件一个一个添加到附件即可，如图 7-47 所示。

图 7-47　发送压缩文件